U0011271

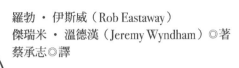

羅勃‧伊斯威（Rob Eastaway）
傑瑞米‧溫德漢（Jeremy Wyndham）◎著
蔡承志◎譯

一條線有多長

生活中意想不到的 116 個數學謎題

How Long Is a Piece of String ?

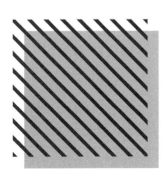

推薦序

在熟悉的情境中學習數學

　　根據我們閱讀或寫作數學科普書的經驗，任何一本正如同本書標榜休閒的讀物，大概都會設法降低閱讀門檻，如此一來，本書兩位作者從「與一般人實際生活有關的例子著手」，絕對是想當然耳的策略之一。這是因為對大多數讀者來說，「只有在熟悉的環境背景中學習，他們才能真正理解數學。」

　　儘管如此，本書作者書寫並不媚俗，也就是說，他們固然會納入一些數學科普作家的最愛課題（譬如數學與音樂等），不過，敘事與論述卻刻意地保持一定的平衡。這可以說明他們所提出的問題儘管近乎「粗淺俚俗」，卻總是在最後提供了出人意表但又極有意義的解答，而擴充了我們的知識視野——這無疑延續了他們前一本書《為甚麼公車一次來 3 班？》（編按：2004，三言社出版）的風格。所以，雖然本書有一些課題雷同其他數學科普書籍，可是，兩位作者還是蠻自豪地告訴我們說：「電梯、計程車費率和男士小便斗的算術運算，之前就幾乎都還沒有人公開發表過。」

　　即使像「碎形」與「混沌」這樣時髦的課題，兩位作者在鋪陳時，還是從我們極為熟悉的問題出發，只是，他們並不迴避必要的數學說明，以至於我們多少可以從中理解數學知識推陳出新的價值與

意義。不過，在關心論證的脈絡中，兩位作者還是相當明快地承認數學家在解答問題時，「經常會先提出臆想和猜測，隨後『才』開始證明，以確保推理過程中不致出現怪誕的錯誤。」顯然基於同樣的關懷，兩位作者也強調：「通常圖像是做證明的好方法，遠勝於看來較抽象的代數。」

其實，圖像及其類比功能，就呼應了本書所努力鋪陳的數學模式。本書之各章內容表面看起來彼此無關，然而，兩位作者就近取譬，卻始終圍繞了一個中心題旨，那就是：「數學是一種研究『模式』（pattern）的科學。」我們相信這種進路，一定可以啓發數學教師如何在繁瑣的解題活動中，洞穿數學知識的本質。這的確是本書的成功之道，也是數學科普創作不會枯竭的最佳保證。

不過，這樣說來，倒是把本書的趣味調得嚴肅了。無論如何，希望讀者閱讀時不要忘了休閒的初衷。至於想要讓數學教學變得有趣一點的數學老師，本書絕對是值得珍藏的武林秘笈呢。

國立台灣師範大學數學系教授
《HPM通訊》發行人

洪萬生

序
所有人都可以成爲數學家

想像你的學校課程列出以下選修科目。

週一：如何避免受騙上當

週二：思維遊戲

週三：賺取高薪的祕訣

週四：現實世界中的模式

週五：什麼時候該出手碰運氣

很肯定的是，你至少會選修其中一門，或許還全部都選。其實你的課程表上，原本就可以排入那些科目，而且我這樣說也並不會太脫離現實。問題是，學校部分行政人員卻決定要把這一切科目都稱爲「數學」；接著他們還特別記得，要把課程中的樂趣完全榨乾，想盡辦法讓科目內容抽象難解並脫離現實。

結果只有少數學童如魚得水。其他人大多時間只能拚命苦讀，演算枯燥乏味又毫無用途的習題。

「老師，我們爲什麼要學畢氏定理？」學生問。

「你這種態度不對，柏金斯。」老師回答。

幸好時代已經不同，想向大眾推廣數學的人如今都能體認，一開始最好不要談理論，而是要從與一般人實際生活有關的例子著手。數學大多數會牽涉到抽象概念，不過，對絕大多數人而言，只有在

熟悉的環境背景中學習，他們才能真正理解數學。

　　如今基於種種原因，西方有些文化逐漸習慣用「可悲」一詞，來形容對數學感興趣的人。但是，只要提供我們都有興趣的課題，所有人都可以成為數學家。達文西是有史以來最富創造力的人之一，他不管看到什麼事情都要提出疑點，接著就深入研究求解。達文西是位藝術家，其實他更可以算是位科學家和數學家。就我們所知，還從來沒有人把達文西稱為呆頭鵝（或用類似的義大利語來這樣說他）。

　　這是我們的「生活中的數學謎題」系列書籍的第二本。我們也同樣根據本身興趣，廣泛採擷各類課題納入本書。我們揀選主題的最重要標準，是要能夠讓我們在酒吧樂此不疲，若有讀者熟讀這方面的書籍，那麼你就應該看過本書裡面的部分課題。不過，其他有些篇幅，好比電梯、計程車費率和男士小便斗的算術運算，之前就幾乎都還沒有人公開發表過。

　　本書如同前一本《為什麼公車一次來 3 班？》，也有部分篇幅很容易閱讀，不過有些內容就必須動點腦筋才能讀懂。這裡還要說明，書中部分主題出現不只一次，機率、推理和模式都是書中的重點課題。事實上，如果這篇序一開始所提到的課程大綱果真存在，或許這本書就會變成附帶參考教材。不過，這本著作並不是教科書——這是本休閒讀物，也希望閱讀本書能為各位帶來樂趣。

Contents

目
次

目
次

目
次

目次

第1章

為什麼這麼快
又到星期一？

∙∙

　　為什麼我們不能愛戀某人「一週八天」（引述自某首歌詞）？不然「一週十天」有何不可？為什麼一個星期有七天、一年有十二個月？每晚，熟悉的月球都要升起，沿著弧線跨越星光閃爍的天際背景……咦，這跟我們有什麼關係？

　　羅馬時代，各星體的現代英文名稱都已經出現，包括：月球、太陽、木星、土星、金星、火星和水星。是哪些神祕的星球決定了一星期有幾天？為什麼星期日叫做Sunday、星期一叫做Monday……？我們能肯定的是，古人因發現七顆行星而確認數字7的神祕地位。不過，7和12一樣，仍要借助一項巧合後，才確立他們在曆法上的重要地位。

∙∙

【有趣的謎題】
- 「星期」是怎麼來的？
- 一年為什麼有十二個月？
- 月亮「看」起來有多大？
- 「過剩數」是什麼？
- 哪幾顆行星決定一星期有七天？
- 「完全數」又是什麼？
- 佛羅倫斯的一星期有八天？
- 為什麼Monday是星期一？

「星期」是怎麼來的？

寫一本專門談論以日常生活為主題的數學書，最好從哪裡入門？有關於日子本身的數學當然是最棒的開始了，而且和大家聊聊關於星期一這件事還特別妥當。

在我們的文化中，一週七天根深蒂固，結果我們很容易就忘記，其實「星期」只是人類為方便計算日期所創造的概念。因此，為什麼我們不能愛戀某人「一週八天」（引述自某首歌詞）呢？不然「一週十天」有何不可？還有，為什麼工作週就必須要從星期一開始？

我們的現代文明核心本質，有許多現象都是綜合了迷信、巧合、人為錯誤和秩序需求才會出現（另有部分則要歸功於基本數學），其實，一週七天也是如此。這類現象不只是造就了曆法以七天為一週，還決定日子的出現順序。為什麼英文中的星期是從 Monday（週一）、Tuesday（週二）、Wednesday（週三）循序漸進，而不是按照 Wednesday、Monday、Tuesday 排列？其中的原因正和數字的組合方式有關。

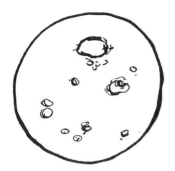

　　若想了解現代星期的演化歷程，首先必須稍微綜覽曆法的部分內情，在此必須先說明一點，歷史學界對其中大半仍存有爭議，不過關於數學的部分則很合理。星期是從哪裡來的？最早的部落族群並沒有星期的觀念，主要是因為沒有那種需要。當時最重要的時段是「日子」和「季節」，不管是人類還是動物，大家同樣都是根據日子來決定日常生活中關於覓食、吃、睡等求生例行事務，因為季節會影響狩獵、收穫和對抗氣候等長期例行事項。

　　能知道季節更迭並預作綢繆的部族，顯然就比較能夠生存興旺，只要部落擁有曆法，就算只是最粗略的形式，也都能凌駕沒有這項工具的對手。因此，除了根據溫度雨水等粗淺線索之外，古代人還有什麼辦法來推斷日期？證據顯示，最早的曆法是根據天上現成的方便時鐘——月球來制定。

一年為什麼有十二個月？

除了太陽之外，月球絕對是天上最龐大的優勢物體。月球會經歷明顯的週期變化，每晚相貌各有不同，滿月後，她就會開始慢慢縮小並轉成新月，接著完全消失，隨後又恢復成為滿月。

考古學家發現了各種線索，暗示古人早就開始密切注意月球的週期，這可以遠溯至公元前三萬年。他們在骨頭上發現了一些雕刻圖案，似乎是用來描述不同月相，還找到根據月球週期逐日仔細計數的刻痕。

原始人看重月球是非常有道理的。兩次滿月的間隔時期，和婦女的排卵週期幾乎完全吻合。我們並不知道，幾千年前是否有所謂的家庭計畫，不過，至少當時的人，想必也是把月球週期，當作一種簡明生育指南（月經一詞就是這樣來的），或許延續至今的拜月習俗，當初就是起源於生育儀式。

　　另外還有一項重大的理由，吸引人類把月球當成計時工具。月球週期是大自然細分一年光陰的方式，一年大約包含十二個月份，因此顯然可以用這個數字來區分（當然了，「月份」一詞也是得自於月球）。

　　如今我們知道，精確而言，一年包含了12.36個月，而數字12恰好就是最接近的整數。然而，12.36要經過相當步驟，才能簡約爲12，後來從埃及人到凱撒以降，所有編制曆法的人，都設法要讓月份與年份相符，當然也全都爲此頭痛不已。只要月球繞地球軌道稍微加速，或許我們就會編出一年十三個月的曆法，而且由於數字13和年有關，也可能就會變成幸運數字……不過結果並非如此。

　　倘若說當初是由於每年有十二個月，數字12才僥倖成爲測量時間的基礎，那麼後來就是由於埃及和希臘早期文明的發現，這個數字才確立鞏固地

| 知 | 識 | 補 | 給 | 站 |

月亮「看」起來有多大？

　　當你伸直手臂，拿起以下物體對向月亮時，哪一種物體的大小會看起來與月亮最接近呢？想想看吧！

(a)豌豆　(b)新台幣一元硬幣　(c)乒乓球　(d)橘子

　　答案是(a)豌豆。主宰夜空的星體竟然是這麼小，真是出人意外！這都要歸咎於人類的大腦，因爲我們在感覺上，月亮要大得多。

位。12很方便，因爲數值不大，而且還有其他好用的特性，而其中最重要的就是，數字12可以細分爲相等部分，並且能以2、3、4或6除盡。因此在測量、分東西時，這個數值就非常實用。的確，正是由於12可以妥善細分，不列顛文化才採用爲貨幣計量單位（一先令等於十二便士），也作爲長度重要單位（一英尺等於十二英寸），並沿用到二十世紀後期。[1]

數字12也和圓形有關，運用圓規可以細分圓形，這是切割圓形的最簡單做法之一。

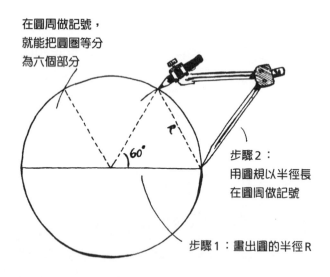

在圓周做記號，就能把圓圈等分爲六個部分

60°

R

步驟2：用圓規以半徑長在圓周做記號

步驟1：畫出圓的半徑R

16

畫出六分之一圓後，接著很容易就可以再細分爲二。

註[1] 英國於一九七一年將幣值改爲十進位制。

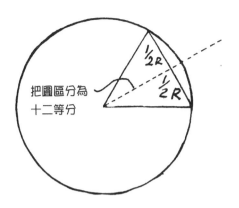

把圓區分為
十二等分

　　這樣一來，要把圓細分為十二等分就非常容易了。這種做法很方便，可以用來把天空畫分為十二區，並分別以各個黃道符號來代表，隨後，還可以用來把鐘面區分為小時。

17

18

| 知 | 識 | 補 | 給 | 站 |

「過剩數」是什麼？

　　所有整數都有因子，也就是可以將本身除盡的較小整數（當然1是例外）。數字12的因子包括6、4、3、2和1，累加得16。把數字的所有因子相加，所得和大於本身的數字就稱為「過剩數」（Abundant number），而其中最小的就是12。

　　事實上，過剩數還極為常見。因此喜歡找東西來鑽研的數學家，便不只是研究數字是否為過剩，還開始研究其過剩程度。例如：12的過剩率為16÷12，即等於1.33。這比不上24的過剩率（36÷24＝1.5），而且每次將12加倍，其過剩比值也隨之提高，直到數字60為止，這時的因子累加便得108（108÷60得數極高，等於1.8）。由於60能夠被相當多的數字整除，因此其過剩率極高，也因此這個數字便常被用來作為計量基礎，數字的過剩率似乎並沒有上限，只要數值夠大就會不斷提高。

　　過剩率重要嗎？除了充實數字知識之外，過剩率並不重要。不過，古希臘人認為數字掌控了整個宇宙，也不斷尋找證據來支持這項觀點，其中最熱衷的就是畢達哥拉斯（Pythagoras，約西元前五六九～四七五年）和他的親密摯友了。數字的一切隱約屬性，全都被賦予重大意義，如今看來或許會覺得荒謬。

哪幾顆行星決定一星期有七天？

每晚，熟悉的月球都要升起，沿著弧線跨越星光閃爍的天際背景。從最早期以來，這些星體看來就像是在緩慢迴轉。而且星體轉動就像太陽，也正好要花一天時間，然而其中卻有些例外。部分亮星並不從眾，運行速率也不相同，甚至於偶爾還會自行掉頭逆向運行。

這小群天體本身具有獨特週期，也取得了特殊地位，後來它們就被稱爲「漫遊星體」，希臘文則稱之爲planetes，隨後並確立了「行星」（planet）一名。既然行星各有獨特運行方式，很自然就要賦予不同名稱。到了羅馬時代，各星體的現代英文名稱都已經出現，包括：月球、太陽、木星、土星、金星、火星和水星[2]。

如今我們幾乎能夠肯定一種觀點，認爲這七顆所謂的行星，正是數字7獲得神祕地位的起因。不過，7和12一樣，最後還是要借助一項巧合，才能

註[2] 古人因爲認定地球是宇宙的中心，所以把月球、太陽、木星、土星等都當成圍繞地球運行的行星，與現在認定行星的定義不同，而天王星、海王星跟冥王星則因爲當時觀測技術不足的關係，暫時缺席。

確立這個數字在曆法上的重要地位。數字7恰好就和月球週期有關，從滿月約經過了十四天就看不到月亮，這就相當於兩段七天。從滿月到下次滿月剛好超過二十九天，和四段七天（二十八天）相差不遠。而28也是具有許多重要數學特性的數值，請參見接下來的「知識補給站」內容。

當然，天空出現了這兩個數字7純屬僥倖，月球週期的天數和天上有七顆「行星」毫無關係。不過，由於人類天性傾向，碰到任何巧合都要設法解讀其中深意，難怪早期文明會認為，數字7與天界有深遠淵源。因此他們才會為了實用和儀式規矩，

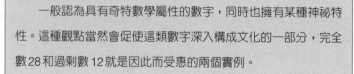

| 知 | 識 | 補 | 給 | 站 |

「完全數」又是什麼？

數字28的因子包括1、2、4、7和14，這些數字累加恰好得28。希臘人看出這項巧合，並特別把28和具有相同性質的數字另歸一類，稱之為「完全數」（Perfect number），或許你會覺得，用「完全」一詞來定義還相當武斷。

完全數很罕見，希臘人總共只發現了四個：6、28、496和8128，而且就我們所知，他們並沒有發現其他的完全數。這完全不會令人意外，因為下一個最小的完全數是33,550,336，據信完全數的最後一位都為6或8，不過目前還不知道，是否有無窮多個完全數。

一般認為具有奇特數學屬性的數字，同時也擁有某種神祕特性。這種觀點當然會促使這類數字深入構成文化的一部分，完全數28和過剩數12就是因此而受惠的兩個實例。

把月球週期畫分爲四個七天時段。

　　「起初，神創造天地……」，根據聖經記載，神創造地球花了七天。這是不是另一個更深遠的起源，所以數字7才會那麼神祕、那麼重要？或許撰寫這段情節的人，當初就是選定本身就非常看重的數字來鋪陳，因爲陰曆月份可以用七來畫分，而且七也可以用來代表行星的數目？其實這並不重要，事實是，這段故事鞏固了一週七天的概念，猶太文化也因此確立第七天是休息的日子，並稱之爲安息日。猶太人在中東傳揚這項信念，至於羅馬人，儘管當時他們本身已經有另一種起源不明的八天「市場週」（market week），卻依舊採行安息日做法。

21

| 知 | 識 | 補 | 給 | 站 |

佛羅倫斯的一星期有八天？

　　中世紀的佛羅倫斯人採用類似八日星期的做法，佛羅倫斯主教座堂前有個八角形建築，稱爲洗禮堂。這座建築的造形有其特殊意義，這八邊裡的七邊，代表地界一週的七天，第八邊則代表第八天，也就是我們死後上天堂（或不管到哪個地方）所度過的永恆之日。

　　還有，營造建築時，採八邊形式要比七邊的容易多了，因此，那位建築師才採用了八天象徵符號，來解決一項設計難題。

為什麼 Monday 是星期一？

現在我們已經知道，彼此沒有什麼關連的數字 12 和 7，後來是怎樣成為計時要素。數字 12 是因為可以用來將年畫分，隨後並細分日期；而 7 則是可以用來細分月份所致。至此萬事具備，並就要發展出現代的星期。至於一週各日的英文名稱，則是由於這兩個神祕數字，更深入彼此相互牽連才發展成形。

天文學在發展初期就已確立，每顆行星繞行一周回到原點所需時間不等，這就是各行星的「年」。因此行星便據此分屬不同等級，土星的週期最長，位列最高階。以下便列出全套等級：

土星（29年）
木星（12年）
火星（687天）
太陽（365天）
金星（225天）
水星（88天）
月球（28天）

22

至此或許你會預期，既然有七顆行星和七天，

合理的單純做法便是按照行星順序來為七天命名：土星日、木星日、火星日等等。不過，由於占星業界的某種奇特現象，結果並非如此，至今原因仍然未明。

埃及人率先把白天畫分為十二小時，隨後大概在公元前一千年，領土約相當於如今伊拉克地區的巴比倫帝國，則把日夜細分為二十四小時。他們並沒有採用行星的名稱來為一週各天命名，卻決定用來作為小時的名稱，第一個小時分派給最高階的行星——土星；第二個小時分配給第二顆行星——木星；第三個小時則歸火星，並依此類推。接著重複這個循環，把所有二十四小時都分配給七顆行星，並延續進入往後的日子。結果就如下表（沿欄循序向下，並跨入下欄繼續相同循環）：

小時	第一天	第二天	第三天	第四天	第五天	第六天	第七天	第八天
1	土星	太陽	月球	火星	水星	木星	金星	土星
2	木星	金星	土星	太陽	月球	火星	水星	木星
3	火星	水星	木星	金星	土星	太陽	月球	火星
4	太陽	月球	火星	水星	木星	金星	土星	太陽
5	金星	土星	太陽	月球	火星	水星	木星	金星
6	水星	木星	金星	土星	太陽	月球	火星	水星
7	月球	…	…	…	…	…	…	…
8	土星	…	…	…	…	…	…	…
9	木星							
10	火星							
…	…							
…	…							
22	土星	太陽	月球	火星	水星	木星	金星	土星
23	木星	金星	土星	太陽	月球	火星	水星	木星
24	火星	水星	木星	金星	土星	太陽	月球	火星

　　由於7並不能將4整除，每天最上方的行星便都會改變。事實上，由於24除以7之餘數為3，表列頂端的行星，每天都要跳過三個等級。表中第二天頂端為太陽，第三天為月球並依此類推。過了七天，七顆行星已經分別位列欄位頂端，到了第八天則又展開另一次循環。

　　位於各天頂端的行星就稱為「主」行星，後來便養成習慣，把各天按照主宰行星命名。因此我們便得到：

各天的「主行星」	
第一天	土曜日（土星，Saturn day）
第二天	日曜日（太陽，Sun day）
第三天	月曜日（月球，Moon day）
第四天	火曜日（火星，Mars day）
第五天	水曜日（水星，Mercury day）
第六天	木曜日（木星，Jupiter day）
第七天	金曜日（金星，Venus day）

24

　　很眼熟吧？這裡再對照現代英文和法文的星期寫法，更詳盡列出行星週如下：

星期	『主行星』日	法文	英文
六	土曜日	**SAMEDI**	**SATURDAY**
日	日曜日	DIMANCHE	**SUNDAY**
一	月曜日	**LUNDI**	**MONDAY**
二	火曜日	**MARDI**	TUESDAY
三	水曜日	**MERCREDI**	WEDNESDAY
四	木曜日	**JEUDI**	THURSDAY
五	金曜日	**VENDREDI**	FRIDAY

上表中，粗字體的日子保留了行星名稱，並請記住，由於24除以7之餘數為3，因此才產生這種表列順序。

最後這種以行星命名的七天星期制傳到羅馬，並行遍羅馬帝國，隨後就成為適用全歐洲的準繩。不過，還是做了一項小幅修正，在西元第四世紀時，基督教掌控羅馬帝國，因此羅馬人覺得很有必要將本身所用的星期做點改變，來象徵自己和其他地區有別。既然猶太人最神聖的日子是星期六（安息日），於是基督徒便指定另一天——星期日作為他們安息的日子。他們廢除了異教太陽神，並改稱星期日為「主日」（Dies Dominici），當時最接近羅馬帝國核心的國家，採用的比率最高，時至今日，許多歐洲國家依舊沿用那個名稱，不過拼法略微走樣（星期日的義大利文為 Domenica；法文為 Dimanche；西班牙文則拼成 Domingo）。

排除這項變化，此外這些羅曼語（romance language）分支都仍然保有各行星名稱，並始終是按照巴比倫的順序排列，當然，這就表示在一星期中，安息日後的第一個工作天就是「星期一」（月曜日，Moon day）。英國人受到羅馬宗教的影響就微弱得多，儘管他們保留了「日曜日」（Sun day），卻把最後四個行星天奉獻給盎格魯撒克遜神祇，也就是戰神提爾（Tiw）、主神奧丁（Woden）、雷神托爾（Thor）和奧丁之妻弗麗嘉（Frig）。唉，倘若你剛被異族入侵，村莊也受到劫掠，恐怕也沒有

什麼選擇。

　　日子、星期、月份和年度都清楚提醒我們，數字和數學是如何深植於我們的文化之中。七天星期制大體上是（或許根本就是）肇因於早期文明沒有算清星體數量，誤認為其中有七顆行星所致。倘若海王星、冥王星和天王星都夠接近，肉眼可見，那麼狀況會有何不同？或許石器時代的人就會算出有十顆行星（每根手指頭各一顆），那就毫無疑問會讓「10」名列數字族譜的最高位，也肯定會讓我們發展出十日星期制，和三星期月份制，不過，至少令我們討厭的星期一早晨，就會少出現百分之三十次。

26

日曜日	月曜日	火曜日	水曜日	木曜日	金曜日	土曜日	海曜日	冥曜日	天曜日
1	2	3	4	5	6	7	8	9	10
11	12	13	14	15	16	17	18	19	20
22	23	24	25	26	27	28	29	30	

▶第2章
如何拆穿王牌大騙子？

∙∙

　　從最近的報章雜誌報導，我們可以發現，有越來越多的詐騙行為，出現在我們身邊。跟你坐同一班公車的人，一起搭電梯的同事，都有可能是這些詐騙行為的受害者。難道這些詐騙的行為，是最近才開始發明的嗎？錯了，從古至今，許許多多的騙術，在週遭環境不斷的發生，一遍又一遍。這些人大多都是利用人性的貪念，或是利用簡單的機率，就可以讓他們坐在家裡面，坐等大把的鈔票進入他們的荷包。不信，讓我們看看下面的例子，並一一揭穿他們的真面目！

∙∙

【有趣的謎題】
● 免費買戒指，還倒賺一百鎊？
● 預言嬰兒性別的神棍如何騙錢？
● 為什麼滿杯等於空杯？
● 如何戳破email詐騙手法？
● 是誰少給了服務生小費？—著名的餐廳騙局
● 如何破解金字塔傳銷的騙局？
● 金字塔傳銷差點毀掉一個國家？
● 真的有人在騙局中贏到錢嗎？

免費買戒指，還倒賺一百鎊？

一位女士在珠寶店花一百鎊買了一只戒指，她才剛要離開商店，卻停步回到櫃臺。

女　士：我不喜歡這只戒指，我能不能換購那只兩百鎊的？

珠寶商：當然可以了，太太（把戒指拿給她），請再給我一百鎊。

女　士：對不起，不過我沒欠你錢！我剛剛才拿一百鎊給你，除此之外又把價值一百鎊的戒指拿給你，等於總共給了你兩百鎊。

於是她緊抓住價值兩百鎊的戒指衝出珠寶店，留下珠寶商在店中推敲，懷疑自己是哪裡搞錯了。

我們都很能體諒那位糊塗珠寶商，腦筋要靈巧才不會被騙！難怪一旦碰上較高明的騙術，就會有那麼多人要上當。

預言嬰兒性別的神棍如何騙錢？

就以下述（虛構）廣告為例：

判定寶寶性別（非侵入式觸診法）

妳是否希望知道肚子的寶寶是男是女，卻不喜歡用聲波打入妳的子宮？我們採用完全非侵入式方法，只以人工觸診就可以斷定妳的寶寶性別，價格只收一百鎊！萬一我們弄錯了，妳不只可以拿到全額退費，還能多領五十鎊賠償金。打電話給賈姬，號碼是……

31

這種條件看來還合理，畢竟，答應在犯錯時全額退費，而且還能提供賠償服務的生意並不多，那麼為什麼沒有更多服務業是如此坦誠無欺？

事實上，若妳接受這項條件，那麼妳就上當了！因為，賈姬提供這項服務唯一要用上的伎倆就是拋擲硬幣：正面是男孩，反面是女孩。她來找妳之前，會先拋擲硬幣來斷定寶寶的性別，只要伸手進行感應儀式，「是男的！」接著就把妳的一百鎊納入袋中。當然了，她約有半數機會能猜中，於是就賺到那筆錢。另外半數則猜錯了，因此她必須付給妳一百五十鎊——喔，不對，實際上只有五十

鎊，因為另外一百鎊原本就是妳的。

因此，當買姬提供寶寶性別感應服務一百次以後，平均而言：

- 她會賺到五十次一百鎊（入帳總額為五千鎊）
- 她會損失五十次五十鎊（損失總額為兩千五百鎊）

換句話說，服務一百位顧客之後，預期她約可以賺得兩千五百鎊利潤，平均每次服務可賺二十五鎊——只需拋擲硬幣就能到手！

這種騙術和早經定罪的許多伎倆雷同，或許也算是欺騙詐財的違法勾當。這會害人嗎？會的，因為這是利用人性弱點，詐取他人的一百鎊錢財，若用這筆錢來購買嬰兒衣物那該有多好。更糟的是，說不定他們還會被誤導，買錯嬰兒服裝，這和許多詐欺做法雷同，基本上一開始都會提出好得令人無法拒絕的條件。

爲什麼滿杯等於空杯？

常言道，樂觀的人總說杯子半滿，悲觀的人則說杯子半空。當然，我們都知道這是同一回事，所以，當兩件事情異曲同工時，我們就可以用兩者構成一則方程式：

半滿＝半空

現在就用字母來表示：

$$\frac{1}{2}F = \frac{1}{2}E$$

若方程式一側加倍，另一側也要加倍。

$$2 \times \left(\frac{1}{2}F\right) = 2 \times \left(\frac{1}{2}E\right)$$

兩側相消得：

$$F = E$$

換句話說，**滿＝空**。

33

如何戳破email詐騙手法？

　　喬治習慣在早上刪除垃圾電子郵件。今早他注意到一則內容，郵件主旨說明：**足總盃驚人預測結果**。他感到好奇，於是點選閱讀詳細內容。他看到以下信息：

　　親愛的足球迷：

　　　　我們知道你一定會心存質疑，不過我們成功設計出神準的方法，能夠預測足球賽結果。今天下午，足總盃第三輪由科芬特里市隊對抗雪菲爾德聯隊，我們的系統預測科芬特里市隊

獲勝,我們建議你先不要據此下注,不過或許你會有興趣在今天下午注意賽果。

　　頌此

　　　足總盃神算堂

　喬治淡然一笑,並沒有細想,到了下午,他照例轉台看比賽結果,科芬特里市隊獲勝。他想,「反正他們勝算原本就比較高。」

　三週之後,他又收到一封信。

親愛的足球迷:

　　記不記得我們正確預測足總盃上一輪是科芬特里市隊獲勝?今天,科芬特里市隊要對抗密得堡隊。我們預測密得堡隊會晉級到第五輪。我們強烈建議你不要下注,不過,請密切注意賽果,看我們的預測是否正確。

　　頌此

　　　足總盃神算堂

　喬治有點好奇,並等待當天下午的結果,不過也只是稍微多加關注。結果是一比一平手,看吧,上回只是僥倖。

　不過,下週二的重賽結果,密得堡隊以二比零獲勝。幾天之後,足總盃神算堂又寄發電子郵件,這次是預測第五輪異軍突起,燦美爾流浪者隊會擊敗密得堡隊,結果正是如此。這時便進入複賽,預測燦美爾會敗給托特汗姆隊,又對了,結果是猜四

中四。

下一封信來了：「我們知道這是一套傑出系統，而且現在你大概也比較相信，我們確實有兩把刷子，兵工廠隊會在準決賽時擊敗伊普斯威奇鎮隊。」喬治實在不敢相信。他已經告訴許多朋友，於是在當天下午，他們一起密切注意實況報導，儘管兵工廠隊一路落後，最後卻以二比一獲勝，這太驚人了。

隔天又寄來一封電子郵件：

親愛的足球迷：

你已經目睹我們的足球神算驚人系統，你信服了嗎？我們預測五次中了五次，你一定同意，這已經違反常態機率，特別是獲勝隊伍不見得都是勝算較高的。我們提供特別優待，你有機會試用我們的比賽預測服務，訂閱一個月只收兩百鎊。你把兩支隊伍名稱寄給我們，我們就把預測結果寄給你，期望能收到你的訂單。

頌此
足總盃神算堂

「兩百鎊有點貴！」喬治尋思，「不過，倘若知道誰會贏，我就能夠從博彩業者身上把那筆錢賺回來，而且還多贏一千倍。」然後，他就這樣完全信服，並且掏出他的信用卡。

不過，其中到底哪裡有詐？這和嬰兒預言神棍

不同，我們已經看到五次正確預測，當然這裡確實有點門道。且讓我們看看其他顧客從足總盃神算堂收到哪些電子郵件，這樣就能看出哪裡有詐。

就在騙局開始的第一天上午，吉姆在附近辦公室裡，也和喬治同樣收到一封電子郵件。當然喬治的電子郵件是說明「我們預測科芬特里市隊會擊敗雪菲爾德聯隊」，不過說來奇怪，吉姆的信則是「我們預測雪菲爾德聯隊會擊敗科芬特里市隊」，後來雪菲爾德聯隊敗北，從此吉姆就不再收到其他電子郵件。另外在十五公里之外，黛比收到的第一和第二封信預測，都是科芬特里市隊會獲勝，後來他們在第四輪戰敗，此後她也不再收到電子郵件了。

事實上，這套騙術簡單得令人不敢置信。最初是寄出八千封信，對象則是已知對足球有些興趣的人士。隨機選出一場比賽，告訴半數收件人科芬特里市隊會贏，另外半數則是雪菲爾德聯隊獲勝。當然，其中四千人會收到「正確」結果，另外半數則會刪除郵件，並從此忘了這回事。

下一回合有兩千人收到科芬特里市隊獲勝，另外兩千人則為密得堡隊。發展至此，肯定會有兩千人收到猜二中二的預測結果。當然了，足總盃神算堂只會向獲勝者繼續寄發電子郵件，這樣一來，到了決賽時，就會有兩百五十位收到五次正確預測結果，於是那兩百五十位人士就會覺得非常特殊。（換做是你，你也會吧？）特殊得讓其中五十人交出兩百鎊，因此經營騙局的人便獲得豐厚利潤，其

實他們除了發送電子郵件之外，根本什麼事情都沒有做。

這類騙術都是在利用我們的一種自然傾向。我們都自認與眾不同，因此當運氣來了，其中必然事出有因。收到預測郵件的人士當中，保證每三十二位中只有一位會收到五連中的結果。另外三十一位會收到一次錯誤預測，於是信息就此中斷。這次恰好就是喬治運氣好，也因此他當然會自覺與眾不同，不過請記住，這和樂透一樣，當然也會有人中頭彩。

這個足球情節和嬰兒騙局同樣是虛構的，不過類似這種違法騙術層出不窮。你可以想像，這類情節在股票市場偽科學界還特別有效，狡滑的顧問或許會向半數潛在顧客推薦，說是某支股票會上漲，卻向另外半數提出忠告，說是會下跌。

| 知 | 識 | 補 | 給 | 站 |

是誰少給了服務生小費？
——著名的餐廳騙局

餐廳裡有三位男士拿到帳單，總額為二十五鎊。他們付給侍應生三張十鎊鈔票，共三十鎊，侍應生找回五鎊零錢，三位先生拿走三鎊，留下兩鎊小費。

這時三位先生分別支付九鎊，總共為二十七鎊，侍應生得到兩鎊小費。27+2=29（鎊），不過他們總共給侍應生三十鎊，所以少了一鎊。誰騙了誰？（答案請見本章結尾）

39

如何破解金字塔傳銷的騙局？

危害最大也最成功的騙術，一般稱爲「金字塔式傳銷」（Pyramid Selling），也有人稱之爲「老鼠會」。這和本章前面提到的伎倆不同，金字塔傳銷術的確提供一般大眾賺錢的機會，不過他們要先把別人拖下水，讓下線遭殃。而且，在許多國家還有某些金字塔伎倆是合法的。

有種知名的金字塔傳銷術稱爲「女性扶植女性」（Women Empowering Women），這種聲名狼藉的伎倆還存在某些地區，這套伎倆深入內心，引動強烈情緒。施展手段時會宣稱，多數賺錢體系都是由男性經營並嘉惠男性，如今姊妹淘終於也有機會替自己賺錢，這裡不會有男士涉入。倘若有部分婦女覺得，女性受男性剝削也實在太久了，這種理念就能夠撥動她們的心弦。她們卻懵然不覺，自己反而要受女性同胞剝削。

這套系統極爲簡單，要花三千鎊才能加入。不過，這三千鎊不叫做支出，而是稱爲「投資」。加入的人可以把自己的名字寫在心形圖上，接著她就可以徵召其他的「心」，加入成爲她的下線，每位下線都要在她身上「投資」三千鎊。一旦她的名下

列了八顆心，她便離開這套體系，這時她已經有八位贊助人，每位各給她三千鎊，因此總額為兩萬四千鎊。由於她加入體系時已經付出三千鎊，因此她的淨利就為兩萬一千鎊。

許多女性都因這套體系受惠：從三千鎊變成兩萬一千鎊。

然而，從數學來講，這套體系不可能嘉惠所有人。畢竟，其中並沒有製造任何產品。這套做法只是由部分女性把三千鎊轉給其他女性，每有一位賺到兩萬一千鎊，必然有七位損失三千鎊。

理論上，在無窮人口族群，這類金字塔體系可以無止境運作。設想妳剛剛加入體系，只要有充分說服能力，妳就肯定能夠找到八個人樂意交出三千鎊——這些大概都是妳的親友。由於這套體系對妳、對金字塔中更上層的人全都有效，這點就可以讓她們安心，保證對她們也會有效。只要妳是在體系發展早期加入，就很可能會成功。

不過，或許妳並不自知「這對我有效，因此對妳也會有效」的主張是個謊言，因為人口族群並非無限。最後，當體系納入一千人，或當有一百萬人加入時，有能力或樂意加入的人數，就會開始萎縮。或許她們早就成為會員，也或許有些人並不願意付出三千鎊，到這個時候，整個體系就要崩潰。同時，一旦體系崩潰，在所有加入體系的會員當中，就會有高達八分之七，即87.5%的人，發現她們花了三千鎊，卻再也拿不回來了。

這就有點像是傳遞包裹的遊戲。不過，就這一版本遊戲而言，在音樂停止時拿到包裹的人，就成為輸家。

所有的金字塔體系，都是採用類似方式運作。這類體系都沒有產品，只是讓妳有機會藉由召募其他人來賺錢。這種構想的威力十足，甚至能把整個經濟體系完全拖垮。

金字塔傳銷差點毀掉一個國家？

一九九六年，阿爾巴尼亞（Albania）拜倒在金字塔傳銷術的石榴裙下。當時他們剛掙脫共產主義，多數國民生活貧困，因此該國人民面對騙局便特別容易上當，還自以為可以迅速致富。由於該國的主要銀行和政府，似乎也都支持那套體系，更是火上加油群情激昂。

就以阿爾巴尼亞而言，當時那套傳銷體系提供高得驚人的投資利率。儘管當時銀行偶爾也會提供優惠利率，不過投資人更該警覺，那套體系所提出的利率條件，卻遠遠高於銀行的放款利率。這完全不合理！想想，不管你由借貸或抵押拿到多少錢，所需負擔的利率，總應該高於你把錢存在銀行等金融組織的所得利率——這才是放款業者的賺錢之道。

那麼，阿爾巴尼亞的傳銷體系，怎麼能夠提供這麼高的收益？其實他們是用存款客戶存入的錢來支付利息。底下就說明，為什麼這種狀況最後注定要崩潰。且讓我們擬定一套簡化體系，來模擬阿爾巴尼亞的事情經過，我們就稱之為「斯芬克斯投資」體系（Sphinx Investments），其條件如下：

43

斯芬克斯推出驚人新方案，慫恿你投資一百鎊。他們每年會根據投資金額支付百分之二十五的利率。換句話說，只要你保持投資一百鎊，每年都可以提取二十五鎊，這就表示，你在四年之內，就可以讓金額加倍。了不起！拿來和銀行相比就更明顯了，若是你在銀行存入一百鎊，每年最多只能賺五鎊。

你卻不知道，當斯芬克斯推出這項方案之時，他們在銀行裡沒有絲毫存款。他們是想要用你的錢，來支付你的利息。而且，只要能夠藉由優渥利率，持續延攬新的投資人，他們就可以這樣撐一段時間。

頭一年，有一千人因為可以賺得百分之二十五利息，受吸引決定加入斯芬克斯體系，並存入一百鎊，因此到了年終，斯芬克斯的戶頭便有100,000鎊。不過，他們還是必須支付利息，共為25,000鎊，而且，斯芬克斯還可以付給自己優渥的百分之十佣金，如此他們的銀行帳戶，到年終時還是有65,000鎊：

A	B	C	D	B－C－D
新投資人數	新投資人存入總額（每人100鎊）	在年終支付的利息	斯芬克斯的佣金(10%)	斯芬克斯的銀行戶頭餘額
1000	100,000鎊	25,000鎊	10,000鎊	65,000鎊

隔年又有一千人加入，總共投資了100,000鎊。當年年終，斯芬克斯必須支付百分之二十五給

（本年和去年的）所有投資人，因此，利息付款提高到50,000鎊。不過，結算之後斯芬克斯還是有105,000鎊現金存在銀行，可以供下一年度支應使用。

A	B	C	D	E	B－C－D
新投資人數	新投資人存入總額（每人100鎊）	前一年年終的銀行餘額	在年終支付的利息（存入總額的25%）	斯芬克斯的佣金（10%）	斯芬克斯的銀行戶頭餘額
1000	100,000鎊	65,000鎊	50,000鎊	10,000鎊	105,000鎊

因此，斯芬克斯似乎可以從提供優渥利率來賺錢，而且當然顧客也都能賺大錢，在第一年投資一百鎊的人，已經收到五十鎊利息。而且，也難怪他們要全盤告知諸親朋好友。

不過，所有金字塔體系短期都能獲利，卻全部都要發展成災難，這次也不例外。若是每年都持續有一千人加入，就會出現這種現象，這裡必須特別注意最右側的關鍵欄位：

終結年度	提供利率	新投資人數	新投資人存入總額（每人100鎊）	至今存入總額	年終支付利息	每年佣金	斯芬克斯的銀行戶頭現金
1	25%	1000	100,000鎊	100,000鎊	25,000鎊	10,000鎊	65,000鎊
2	25%	1000	100,000鎊	200,000鎊	50,000鎊	10,000鎊	105,000鎊
3	25%	1000	100,000鎊	300,000鎊	75,000鎊	10,000鎊	120,000鎊
4	25%	1000	100,000鎊	400,000鎊	100,000鎊	10,000鎊	110,000鎊
5	25%	1000	100,000鎊	500,000鎊	125,000鎊	10,000鎊	75,000鎊
6	25%	1000	100,000鎊	600,000鎊	150,000鎊	10,000鎊	15,000鎊
7	25%	1000	100,000鎊	700,000鎊	175,000鎊	10,000鎊	－70,000鎊

第四年結束之時，支付利息和佣金的款項（共計110,000鎊），已經超過新顧客所存入的金額（100,000鎊）。於是，斯芬克斯的銀行餘額，首次開始減少，到了第六年，現金儲備已經陡降到只剩15,000鎊，下一年，斯芬克斯便開始負債，再也付不出利息了。

不過，更糟的情況還在後頭。一旦他們看出財務問題跡象，投資人也全都斷定，這時最好抽身，提領他們的一百鎊存款。結果他們卻駭然發現，斯芬克斯並沒有資產，因此他們的一百鎊再也拿不回來了。

這套金字塔體系就如其他所有的老鼠會，少數人已經從中獲利，那就是最早加入，並散佈消息推廣「美好方案」的那群人。事實上，第一年剛開始便加入的人，在第六年結束時，便賺了一百五十鎊利息。因此，就算他們損失存款，還是賺到了百分之五十，不過，絕大多數人卻都要失財。

斯芬克斯是由於現金流量不良才產生問題，他們的錢花光了，不夠支付給顧客。若是年度新顧客人數成長，或許情況就能改善。不過，這和「女性扶植女性」體系一樣，顧客人數不可能永遠增長，他們只能拖延，結局卻是必不可免。

發生在斯芬克斯的現象，和阿爾巴尼亞當時的情況大體相同。不過，阿爾巴尼亞的結果還更為糟糕。由於政府也上當，參與推廣這套體系，而且是詐取窮人的錢財，而這些人都無力承擔損失。到最

後階段，那套體系只得提高利率到荒唐的程度，卻也還能繼續吸引新投資人，這樣一來更加速崩盤，最後的災難也更為慘重。經濟蒙受慘重損害不說，其所造成的衝擊仍延續至今。

真的有人在騙局中贏到錢嗎？

金字塔體系是種自創泡沫，這會持續膨脹，直到把錢耗光，或者投資人失去勇氣爲止。由於金字塔體系只有承諾，此外就毫無根基。因此這種體系只能替創辦人和早期投資人賺錢，此外就無人能夠獲利。

慘了！

噓噓……

這種泡沫不見得都肇因於詐欺伎倆，網路公司投資熱和各式財富市場的暴漲，都是（至少部分是）由於廣大群衆眼看少數人迅速致富，紛紛搶搭列車所致。民衆純粹是根據一種假定來購買，自認爲有辦法以更高價位，向他人推銷手頭財貨，但這總有不再靈驗的一天。

不過，這類體系在在證明，等到「賺錢良方」

廣為人知，或許就已經太遲了，無法再這樣輕鬆賺大錢。而且這也像是在賭博，帳目總要平衡，若是有人贏錢，原因也只是有其他人損失同樣金額。

| 知 | 識 | 補 | 給 | 站 |

餐廳騙術謎題解答

還記得前面提到餐廳裡的三位顧客嗎？其實是作者在騙人，欺負真的相信少了一鎊的讀者，這裡只是藉會計伎倆來施展誤導的手段。

交易結束時，三位先生支付了二十七鎊，其中二十五鎊是餐飲費用，兩鎊是小費。因此27鎊－2鎊＝25鎊，完全結平。

還有一種做法是看三位男士支付的三十鎊，其中二十五鎊是支付餐飲，三鎊是找錢，另外兩鎊則是小費。

前文中的算式：27＋2＝29（鎊）完全是用來轉移注意。不過由於總和相當接近三十鎊，因此很容易相信這兩個數字有關。

49

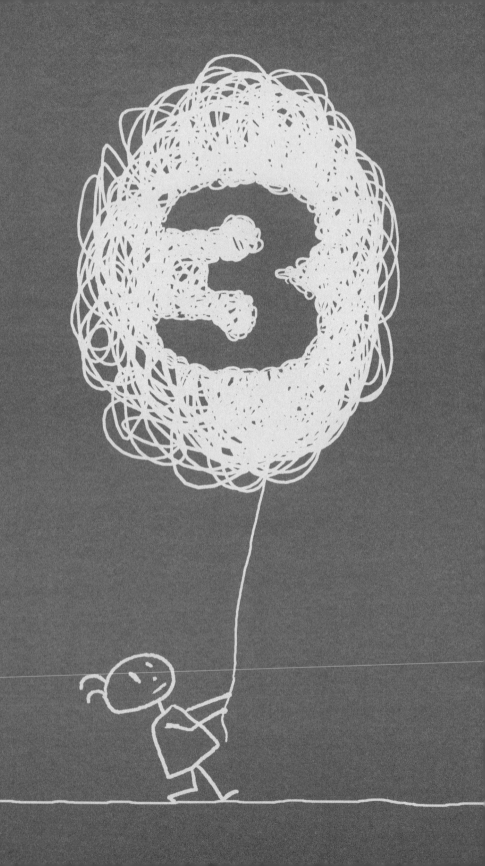

第3章

暢銷單曲是怎麼來的？

古今所創作的幾百萬首曲調和歌謠中，只有少數幾首注定能吸引整個世代。有沒有什麼規則，可以判斷某首曲子會大受歡迎？唱片公司會很樂意知道答案，並據此「訂做出」流行樂團。節奏感、變奏、適度的平衡，還有哪些要素會使曲子成為民眾的最愛?而這些都與數字的模式及變化有關，本章就要解開這些音樂之謎。

【有趣的謎題】

● 有沒有打造暢銷單曲的祕訣？

● 為什麼我們愛聽節奏？

● 什麼是「莫札特效應」？

● 流行歌曲有沒有公式？

● 為什麼偶數音比奇數音更性感？

● 曲調有沒有寫完的一天？

● 麥可‧傑克森的音樂是粉紅色？

有沒有打造暢銷單曲的祕訣？

從古至今的幾百萬首曲調和歌謠中，只有少數注定能吸引整個世代。當代文化最流行的歌曲，通常都屬於特定通俗音樂型態，最常見的就是熱門歌星演唱的曲子，通常都是歌詠愛情或風流韻事。不過，所有年代都各自有流行的音樂形式，如今被歸入「古典音樂」的曲子，在當時也屬於通俗音樂。各時代的社會也都有最受歡迎的民謠，成為他們文化的重要一環。

有沒有什麼規則，可以據以判斷某首曲子會大受歡迎？唱片公司會很樂意知道答案。就某方面來講，他們已經能部分解答這問題。因此才會產生唱片公司「訂做出」流行樂團的現象──他們並不是碰運氣自行誕生的。

不過，若是不談性感偶像或熱門話題等誘人焦點，還有哪些要素會讓曲子成為民眾的最愛？

和聲與旋律就是一項明顯要素，這要吻合我們心目中的音階音調。第14章會討論這點。不過，此外還有和數字與模式都有關的元素，這些也可以說是更基本的要項。

為什麼我們愛聽節奏？

　　為什麼鼓聲節奏對流行音樂會那麼重要？有一項非常明顯的理由，我們全都在體內自行擊鼓，那就是心跳，通常每分鐘心跳七十下。當我們還在子宮裡時，全都是籠罩在隱約蠕動聲響中，其中最明顯的，就是我們母親的心跳聲。因此，倘若我們在長大之後，聽到渾厚鼓聲還不感到平安，還不與周遭世界產生各種聯想，那才真的是怪事。

53

　　流行歌曲的鼓聲節奏，通常約等於心跳速率。不同首歌曲的節拍差距很大，就像是心跳會從慢到快。快節奏鼓聲和興奮或年輕有關（有時候兩者皆然），年輕人的心跳較快。節奏較快的鼓聲（好比每分鐘110～120響）常會激起情緒並產生美好感受，有時甚至會令人血脈賁張。這種速率也常見於

「辣妹」（Spice Girls）和「現狀」（Status Quo）等流行樂團的曲目。

不過，音樂不只採用單一節拍，多數曲調的背景樂句都是先出現響亮的一拍，後面再跟著一、兩拍較微弱的鼓聲。

這種節奏的最簡單形式就是進行曲式，從前英國軍隊喜歡一邊行軍，一邊用口哨吹出兩拍節奏曲調，好比〈英國擲彈兵〉（The British Grenadiers）或〈博基上校〉（Colonel Bogey），後者最為有名，電影《桂河大橋》（*Bridge on the River Kwai*）便採用其主旋律，用口哨吹出這類曲調，可以清楚聽出左、右、左、右的簡單節奏。

三拍節奏也幾乎同樣常見，這也和腳步移動有關，不過這是比較悠閒的華爾滋曲式。只要你在心中哼唱這類曲調，好比《藍色多瑙河》（*The Blue Danube*）或音樂劇《約瑟夫與奇幻彩衣》（*Joseph and the Amazing Technicolor Dreamcoat*）中的〈讓我無路可走〉（Close Every Door to Me），你同樣很快就會清楚感受到華爾滋的「三角形」節奏。

Close	Ev'	ry
1	2	3
door	to	me
1	2	3
Hide	all	the
1	2	3

world　from　me

1　　　2　　　3

……等等。

　　通俗音樂最常見以數字四為基礎的節拍，不管是搖滾或快步舞樂句，所用的拍子全都如此。「披頭四」（Beatles）唱歌時，喜歡在開場和絃之前計數「一、二、三、四」。當然了，實際上四拍就相當於兩節兩拍，同時搖滾樂曲也常見每隔一個音符就敲響背景鼓聲。

　　儘管偶爾也會有五拍的曲調，好比戴夫・布魯貝克（Dave Brubeck）就有首著名的爵士樂曲，稱為〈奏五〉（Take Five），不過只要是你想得到的通俗曲調，幾乎全都是採用兩拍或三拍為基礎節奏來編寫。

　　為什麼採五拍節奏的歌曲，通常都無法名列榜首？因為我們腦子的接線結果，只適於辨識某些模式，這點幾乎可以完全肯定。近年來的腦部研究結果也已經證實，由於我們都經過某種預先程式規畫，因此不管數學能力高下，幾乎所有人都必須先學會辨識一、二或三的模式，隨後才有能力去學習運算。

　　凱倫・溫恩（Karen Wynn）用來檢定這項學理的實驗結果，受到廣泛報導。她把絨毛娃娃擺在小臺階上，給出生只有幾個月的嬰兒看，接著臺階前面升起一道屏風，實驗者透過隱密洞口，偷偷拿走

56

什麼是「莫札特效應」？

一九九三年，《自然》（Nature）雜誌刊出一篇文章，標題是「音樂和空間作業表現」。內容說明，聆聽一首莫札特鋼琴奏鳴曲十分鐘，可以提高各種問題解決技能，效果持續長達十五分鐘。

音樂可以讓我們更聰明，民眾深受吸引並為之神往，隨後這項觀點就被稱為「莫札特效應」（The Mozart effect）。如今常見準父母播放莫札特音樂（或「雷鬼reggae」，或他們認為有啟迪功能的任何音樂）給胎兒聆聽，他們期望音樂能夠促進胎兒腦部發展，讓孩子贏在起跑點，至於是否有用，目前還不知道。上了年紀的人常說，解決謎題能夠讓他們保持腦筋靈活，或許某類音樂也有相同功能。

莫札特效應本身並不能讓人人都變成數學天才，或許這還不是最重要因素。不過，幾個世紀以來，音樂和數學向來都有連帶關係，這倒是可以當成嶄新例證。另有一點值得一提，有許多證據顯示，莫札特本人和許多音樂家同樣對數字也有濃厚興趣，例如他曾在一首賦格曲譜邊緣潦草塗鴉，計算他贏得樂透的機率。

或多放娃娃。當屏風又降下來，如果裡面還是只有一個娃娃，嬰兒就會喪失興趣，不過倘若多出一個娃娃，那麼嬰兒就會特別注意，這顯示嬰兒知道，一並不等於二。

更深入實驗結果顯示，倘若1＋1只得出一個玩具，那麼嬰兒就會更為好奇，這是由於嬰兒預期一個娃娃加一個娃娃等於兩個娃娃。

事實上，採用這類實驗已經證實了一點，在我

們還不能講話之前，多數人都已經知道 $1+1=2$ 、$2-1=1$ ，還有 $2+1=3$ ，不過，超過 3 之後，我們的本能就比較不可靠。

　　同樣地，我們的頭腦很可能也可以不假思索，輕鬆辨識一、二、三拍節奏。因此，當我們聽到這種節奏或倍數節奏的樂句，就會本能受到吸引。當我們聆聽樂句，都會在潛意識數拍子，碰到兩拍和三拍模式，數起來就毫不費力。我可不是說我們不喜歡五拍等節奏，這只表示我們比較不會自動受其吸引，所以通俗曲調都是使用單純數字。

流行歌曲有沒有公式？

　　通俗模式有一項祕密，那就是可預測特性，這對曲調尤其重要。規律的節拍、熟悉的和絃，還有詩節、合唱、詩節、合唱的公式，這就表示不用太耗費精神，便可以輕鬆聆賞。順便一提，這不只見於流行音樂，讚美詩和許多古典樂曲也同樣適用。

| 知 | 識 | 補 | 給 | 站 |

為什麼偶數音比奇數音更性感？

　　如果你曾經拿木棍掃過籬笆發出聲音，那麼你就很熟悉那種「喀—喇—喇—喇」規律聲響。不過，如果籬笆缺少幾根柱子，那麼這樣做就有可能產生著名的樂句。例如：倘若籬笆共有八根柱子，而你把第二、三、六和第八根拿走（可別說我在鼓勵你惡意破壞，了解吧），結果籬笆就變成這樣：

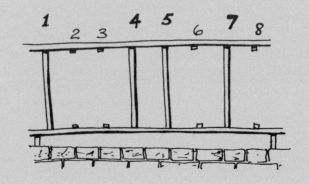

貝多芬和柴可夫斯基等偉大作曲家，全都遵循眾所週知的定則，來安排交響曲結構。

然而，除非你想要進入恍惚狀態，否則沒有人會喜歡反覆太甚的音樂。倘若音樂完全可以預期，很快就會變得乏味，因為我們聆聽時並不需要思考。要在定則容許範圍內創作模式，做法不只一種。有才華的音樂家，一方面會挑戰極限，同時也謹守定則，因此能夠成就功名。

莫札特就因此成名。音樂家認為莫札特是個天才，因為他有能力創作好聽卻又充滿巧妙轉折的音樂。莫札特是在逗弄我們，他在音樂天地探索可行

拿根木棍以均速掃過籬笆，你就應該會聽到切分音樂句。這是種獨特模式，拿走其他柱子全都不會產生相仿的韻律。有趣的是，相同節奏在其他狀況下，意義卻完全不同，1××4 5×7×也是探戈的基礎節奏。

只要你略微改變探戈節奏，就會產生迥異的結果。1××4×6×8是《辛普森家族》（Simpson）卡通主題曲的背景節奏。

從三十二柱籬笆拿走幾根，你就可以發出那首主題曲的開場模進。曲子進行如下：

1××4×6×8 9××12×14×16 17 18 19 20××××26 27 28 29 30××

請注意，在辛普森樂句中，偶數音超過奇數音。出 C-O-O-L

現很多偶數音的樂句，較有可能是受到放克（funky）、爵士或拉丁風之影響，換句話說，通常偶數音都比奇數音更為性感。

的另類模式和序列。不聆聽音樂很難去體會莫札特的做法，不過可以用一點非音樂實驗，來彰顯類似現象。

這裡就提出一個單純模式問題：若ABC轉化為ABD，則XYZ的轉化結果為何？先自己想想解答再接著讀下去。

你的答案是不是XYA？如果是的話，那麼你的想法就和百分之八十的人口相符。XYA是種常

| 知 | 識 | 補 | 給 | 站 |

曲調有沒有寫完的一天？

每星期都有人發表幾百首新歌。不過，還有多少新曲可以推出？西方樂曲是由十二音符音階構成，排列組合方式會限制曲調多寡。此外，由於音符序列大半不好聽，我們的當代文化不能接受，並不適合作為通俗曲調，因此數量還要更少。

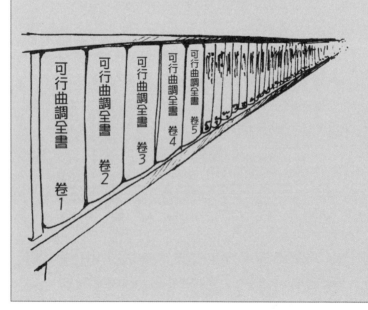

見模式。Z後面是什麼？是A，不過這會展開另一次循環。這就有點像是作曲家用一個四平八穩的大三和音來結束全曲。不過，XYA並非唯一答案，其他還有許多可能模式，結果就要看採用哪種定則，來選定Z之後的符號。例如：電腦試算表的Z欄後面就是AA欄。於是XYAA就是項可能的答案。不過，或許這裡的定則是，字母後面要跟著數字，於是就產生XY1。還有，Z後面也可能什麼都

然而，就算我們只能採用特定音符組合，並不能任意匹配作曲，其變化型式卻依舊多不勝數。研究人員丹尼斯・帕森斯（Denys Parsons）發現，根據連續音符的高低變化就可以辨識出旋律。做法是把音符和相鄰前音相比，看是較高（U，代表升）、較低（D，代表降）或相同（R，代表反覆）。試舉〈生日快樂歌〉（Happy Birthday）為例，第二音和第一音相同（R），第三音提高（U），第四音下降（D），結果整首曲子便為：R U D U D D R U D U D D R U D……等，不過，通常只需要列出十五個字母就夠了，沒有必要多列。〈生日快樂歌〉的R、U、D排列模式獨一無二，在其他通俗曲調完全找不到。其實這也不該太令人驚訝，混合R、U、D列出十五個字母，做法有3^{15}種，約等於一千四百萬種。因此，倘若每星期產生五百首曲調並持續五百多年，隨後還是可以在前十五個音符，排出新的R、U、D序列模式。更何況我們還沒有把其他的變奏型式納入計算！音符本身和音符的間隔時間（節奏）變化，也會產生新的曲調。

據此，音樂產業還會延續下去！

沒有，於是答案就成為 XY，你還能想出哪些可能解答？

　　有些答案還可能漂亮得讓你驚豔，另有些則或許會讓你覺得不夠好。看到模式會產生「漂亮」或「滿意」的感受，這就仿如樂曲的不同尾聲，有可能造成不同的效果。

　　莫札特派會採取何種做法？或許會是 WYZ。要發揮想像力，才能從最初的組合，產生 WYZ 答案。既然 Z 不能向外延續，那麼 X 就必須向內發展。這很聰明，會產生對稱結果，卻很少人能想得出來。事實上，莫札特創作時就是想要造成這類效果，說不定你也可以是創作類似作品的當代通俗藝術家。

麥可・傑克森的音樂是粉紅色？

　　有位評論家曾經說，他心目中的地獄，就是完全可預測的音樂，或者是完全不可預測的音樂。他總結道出我們許多人的直覺認識。幾乎毫無例外，歌謠曲調必須找出適度平衡才能走紅。我們已經討論過，若曲調變化太少會很沉悶，不過變化太甚也會讓人聽不出所以然，變奏走到極端就是完全隨機選定音符來編寫的曲子。

　　音樂的可預測性實際上也可以測量，只要按照固定間隔取樣，就有可能衡量曲調中連續音的可預測程度。倘若你想到的曲調，只是中央 C 反覆出現，那麼所有樣本和前音就都完全一致，這種音樂的音調相關就是百分之百。相對而言，如果你使用標示了 1 到 88 的骰子來決定音符，根據擲出的數字逐一選擇鋼琴鍵，那麼個別音符和前音就都沒有關係，也完全不可預測，這時兩者的相關就接近零。

　　具有高程度相關的音樂稱為「棕色音樂」（brown music），而具有高隨機程度的音樂則稱為「白色音樂」（white music）。後者和「白雜訊」（white noise）一詞有關。把收音機接收頻率調到兩電台之間，所聽到的隨機爆響就稱為白雜訊。而介

於棕色音樂和白色音樂之間，也就是可預測卻又不至於太過可測的音樂，就稱為「粉紅色音樂」（pink music）。

一九七五年，理查・孚斯（Richard Voss）和約翰・克拉克（John Clarke）針對已發表的音樂做分析，結果暗示所有流行曲調都屬於粉紅型式。極簡抽象派樂曲想必都是位於粉紅系列的棕色一端，好比菲利普・葛拉斯（Philip Glass）的作品。麥克・歐菲爾德（Mike Oldfield）的〈排鐘〉（Tubular Bells）就應該是略呈粉紅，不過還是位於棕色端。管絃樂隊的諧奏樂音應該屬於粉紅系列的白色一端。不過，最流行的音樂，從艾拉・費茲傑羅（Ella Fitzgerald）到麥可・傑克森（Michael Jackson）的歌曲，卻似乎都穩居粉紅區正中央。

那麼，是否可以用數學公式來創作熱門歌曲？大概吧。果真如此，那麼「訂做出」流行樂團的概念，聽來就要更令人心驚了。

▶第4章
為什麼行李
擺不進後車廂？

‥‥‥‥‥‥‥‥‥‥‥‥‥‥‥‥‥‥‥‥‥‥‥‥‥‥‥‥‥‥‥

　　不管是後車廂擺放行李的方法或搬家裝箱技巧，如何把東西塞進有限空間，可是許多數學家喜歡討論的問題。另外一些會關心物品堆疊封裝問題的人，就是企業界。例如：超級市場員工該如何堆疊罐頭？半導體業者該如何切割晶圓？製鞋師傅該如何從牛革中切出鞋幫？堆疊問題也可以延伸至時間運用方法及人類的空間行為學，例如戲院觀眾就座的心理及男人如廁行為的分析。本章就要為讀者一一解答這些有趣的謎題。

‥‥‥‥‥‥‥‥‥‥‥‥‥‥‥‥‥‥‥‥‥‥‥‥‥‥‥‥‥‥‥

【有趣的謎題】
- 如何在方形中放入最多圓形硬幣？
- 水果攤老闆該如何堆疊柳橙？
- 搬家時，有沒有最佳的行李打包術？
- 為什麼戲院觀眾有人坐走道、有人坐後排？
- 如何最快進入捷運車廂？
- 男人如廁，離陌生人愈遠愈好？

如何在方形中放入最多圓形硬幣？
——二維空間的堆疊難題

在度假時，總會有人無論多努力，就是無法把行李全部塞進後車廂，老是有那麼一件行李，死都不肯進去。通常，只要重新打包行李，並且改變行李的堆放順序，就可以解決問題。不過，如何把東西塞進有限空間，可是企業界的重大問題，多年來，想要解決堆疊封裝相關問題而進行的研究也相當多。

這類問題有些已經流傳久遠，其中一道問題就是：該如何把圓形物體堆疊成矩形。這可是超級市場員工要面對的問題，例如當他們要堆放白扁豆罐頭時就會碰上——罐頭橫切面是圓的，卻必須堆疊

排成矩形——有時候是因為要擺在貨架上，有時則是要裝入箱中運輸。

要把圓形物體排成矩形網格，或稱為「晶格」（lattice），最簡單的做法如下：

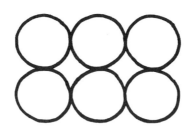

然而，這並不是最有效率的做法，這會浪費相當空間，而且也很容易算出浪費了多少。請記住，圓形面積的算法是π（約等於3.14）乘以半徑平方。倘若白扁豆罐頭的半徑等於五公分，那麼面積就等於π×25，計算結果約等於78.5平方公分。罐頭周圍的方形面積等於10×10，或等於100平方公分，因此圓形只佔了方形面積的78.5%。

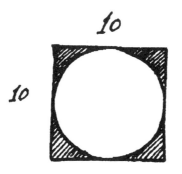

另一種堆放白扁豆罐頭的做法就好多了，這就是六角法：

69

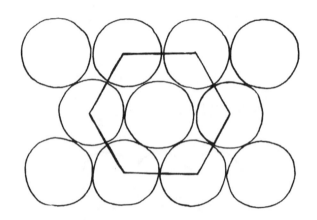

70

　　圖示圓形所佔面積恰好超過百分之九十，實際
數字爲 $\pi \div (2\sqrt{3})$。

　　事實上，倘若你要在龐大空間中堆放白扁豆罐
頭，就可以採用「圖厄定理」（Thue's Theorem）來
證明。這種數學定理指出，如上圖所示的六角法正
是最緻密的堆疊方式。因此，解答數學問題時，便
經常會出現這類現象，只要在已知的最單純模式中
尋覓，就可以根據其中一種模式來延伸出最佳的解
答。

　　然而，只有當空間容積爲無窮大時，圖厄定理
才會完全正確。眞實世界的可用空間大半都有明確
限制，因此當空間有限時，最「正規」的堆疊方式
就不見得最有效率。試舉一例：在方形托盤中擺放
九罐白扁豆。如果你是按照常用的最佳六角排法，
那麼裝得下這些罐頭的最小可能方形托盤，其邊長
就約等於罐頭直徑的3.5倍。

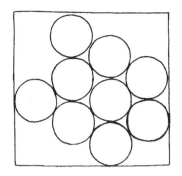

和效率通常較低的方形陣列相比：

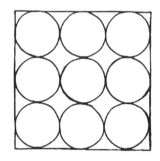

這時罐頭就可以擺入 3×3 的方形面積，事實上，在一九六四年已經驗證確認，這就是把九個圓形排成方形的最佳方式。不管你多麼努力嘗試，都無法把九個罐頭排成更小的方形了，除非你把罐頭壓扁，否則不管怎麼樣都辦不到。

隨著罐頭數目增加，最佳模式也會變化，有些還相當令人意外。好比，十三個罐頭的最佳堆法，會構成約 3.7×3.7 的方形，陣式如下：

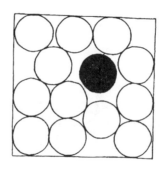

這看來或許有點混亂，不過這已經驗證確認是最佳解法，十二個罐頭相互緊靠，第十三個（黑色的）則是鬆弛地夾在中間。

日常情況並不常出現堆疊項目固定，卻要箱子來配合包裝；通常會是箱子的尺寸固定，必須設法如何儘量把最多項目塞進去。因此，數學家也一直在鑽研圓形堆疊問題，探究該如何在各式固定尺寸的方形中，儘量多塞入圓形物件，不過，這和我們至此所討論的問題有微妙差異。

讓我們把罐頭改成硬幣，硬幣尺寸較小，比較好處理。倘若硬幣直徑爲一公分，你能夠把幾個硬幣擺入10公分×10公分的方形範圍？或許你會猜一百個，倘若你是採用正規方形陣列，那麼這就是正確答案。

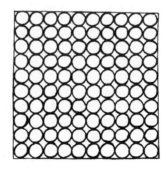

然而，擺入數量有可能超過一百，如果你是採六角法來擺放硬幣，最後就可以多擠進五個硬幣，總共得105個。

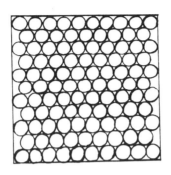

不過，這還不是最多的。綜合使用方形和六角堆疊法，實際上還可能在方形範圍中，再多放入一個硬幣，這和前面的例子一樣，最佳解法並不是最有秩序的正規做法：

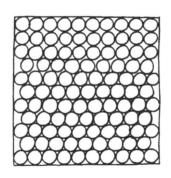

這類堆疊問題不只和商店與包裝業者有關，他們是希望在有限空間裡，儘量多塞進幾個物件。製造業者也要面對相同的問題，他們會希望從一張薄片中，儘量切出最多單位。製鞋業就有個很好的例子：就高價位鞋類市場而言，部分業者至今還是以

人工方式從牛革中切出鞋幫。切割師都有個「鞋幫數指標」，如果他能從牛革切出更多鞋幫，就可以贏得獎金。或許你也曾經在廚房，用麵模試解過這類問題。

至此我們所討論的課題，都是該如何把多個圓形堆成方形。那麼同樣屬常見問題，該如何把多個矩形排成矩形？就此而言，明顯的做法就是讓平坦表面相靠，拼成類似棋盤的樣式，或產生可見於多種拼木地板的人字形效果。

然而，數學家保羅・厄多斯（Paul Erdos）卻發現，這種整齊嚴謹模式，不見得就是最佳排法。前面提過，只要略微脫離常規，你就可以多塞入幾個圓形，就方形而言也完全相同。有時候只要稍微偏斜擺放，就可以在設定空間中排入更多方形。艾狄胥設計出一個公式，說明若有邊長 S 公分的方形面積，以及邊長 1 公分的砌塊，那麼保證可以找出一種堆疊方式，能使留白面積不超過 $S^{0.634}$ 平方公分（即邊長的0.634次方）。舉例來說，用邊長 1 公分的砌塊來覆蓋 100.5 公分×100.5 公分的方形區域（面積為 10,100.25 平方公分）。若是採用正規棋盤形式，留白面積就約為 100 平方公分。然而，只要略微挪動砌塊，產生較不規律的模式，至少就有可能多塞入八十一塊，於是留白面積就不會超過 $100.5^{0.634}$（約等於18.6）平方公分。

把多個方形排成圓形的難題也有實際用途。電腦所用的方形矽晶片，是從圓形的矽晶圓分割切

成。你大概可以想像,晶圓弧形邊緣最後就會變成廢料。然而,晶圓愈大,必須拋棄的部分所佔比例就愈小,因此,各晶圓廠都投入大量資金,要設法找到結出更大矽晶的做法。

水果攤老闆該如何堆疊柳橙？
──三維空間的堆疊難題

談到三維空間的堆疊問題，複雜程度就要攀上嶄新層次，經過最透徹分析的三維問題就是堆疊柳橙。

當你到水果攤時，通常會看到柳橙被堆成如下圖的樣子：

每粒9元

由上俯視，這堆柳橙是分層構成六角陣列，並層層堆疊。一六九○年，天文學家克卜勒（Kepler）便曾揣測，這大概就是堆疊球體的最有效做法（也

就是能使夾在柳橙之間的空氣，達到最少的方式），當時也沒有人能找到堆疊球體的更好方式，不過，這也是到了一九九六年才驗證確認。採用這種方法堆疊，柳橙所佔體積便爲可用容積之 $\pi \div \sqrt{18}$（略超過百分之七十四）。

這時你或許要開始納悶，如果能夠把這堆柳橙擠壓聚攏，把空氣間隙完全填滿，那會產生何種狀況？一旦柳橙各自擠壓成爲實心物體，到時會呈現哪種造形？會不會就像70頁的圖，在擠壓圓形後構成六角形？你可以做個試驗，把豌豆等柔軟球體壓在一起拿去冷凍，然後再切開檢視結果。（我們用棉花軟糖試過，結果彈性實在太大，擠壓力量一解除，就會立刻彈回，恢復成原來的形狀。）

結果，我們發現當柳橙受擠壓之後，就會變成罕見的正多邊體，稱爲「菱形十二面體」（rhombic dodecahedron），這種固體有十二面，每面都呈鑽石形，尺寸規格如下：

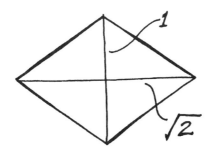

從某些角度視之，菱形十二面體是呈現六角形，從其他角度來看卻是四方形。這實在是種很漂亮的物體。由於這類形狀的堆疊構造效率很高，部

分晶體和蜂巢的造形，便很近似菱形十二面體，還有腐爛的軟番茄堆，想必也會產生這種形狀。

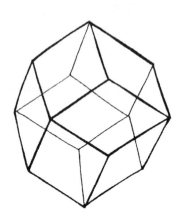

搬家時，有沒有最佳的行李打包術？

　　至此我們所堆疊封裝的物件，大小全都相同，這很方便處理。不過現實生活很少是這麼單純，此例亦然。不管你是把食物放入冰箱，或打包封裝行李箱，在多數狀況下，都必須處理外形不同、大小互異的物體。這時數學家通常要束手無策了，只能讓賢，靜待「作業研究人員」（operational researchers）去處理。

　　作業研究較不採純學術途徑，通常也並不追求完美，只要產生合理答案就算滿意。作業研究人員有種非常普遍的訣竅，那就是訂定規則或「演算法」（Algorithms）來達成目標，並確保所產生的答案，不會太過偏離最佳可能解法，例如：以百分之十為限。

　　就以搬家的狀況為例，假設要搬動的物件，總體積足夠填滿約二十個同型箱子，若想要預作規畫，訂定各物件的擺放位置，那將會花費太多時間。於是你並不想這麼做，而是採用最簡單的裝箱做法，也就是隨機把各品項裝入第一箱中，隨後若是你拿起的東西裝不下去，便把第一個箱子封好，然後再拿出一個新箱子來打包，這種做法就稱為

「最先適合」（first-fit）策略。

　　最先適合策略的效率有多高？結果發現，不管你拿東西到手的次序是多麼不順心，你要用到的箱子數量，始終不會超過理想配置箱數的百分之七十。因此倘若你的最理想可能解法需要二十個箱子，那麼即使你採用「最先適合法」的懶人對策，你還是可以向自己保證，最多應該只需要三十四個箱子。若是這還不夠好（而且老實講，百分之七十實在有點浪費，不過這是最糟的狀況），那麼另一種裝箱對策就是最大物品優先，最小物品最後再裝。若採取這種對策，結果是偏差始終介於最佳答案的百分之二十二以內。這就表示，最糟的情況就是二十五個箱子，而非最佳解法的二十箱。同時，由於我們許多人很容易就會採用「最大優先」策略──特別是在後車廂裝行李時，這顯示當我們在裝載東西時，大可以用常識來代勞，並把深奧的數學思維擺一邊。

　　順道一提，這項結果不只適用於把物品裝箱。需要「封裝」的東西，也可以是其他各類資源，好比金錢或時間。就以民眾前往大使館辦理護照為例，由於各項案件狀況互異，所需處理時間也各不相同。「服務時間長短」就相當於包裹尺寸大小，櫃臺後面的官員，每天只有固定工作時間，而「可用的時間」就相當於箱子。

　　我們曾經碰到一家相當官僚的大使館，他們是採「先來先服務」的做法處理民眾案件。這就像前

面討論過的基本裝箱做法，如果剛來到櫃台的人要辦理的服務項目，肯定要讓行政官工作超過當天下班時間，官員就會告訴申請人明早再來（也就是今天的箱子已經滿了），於是該櫃臺便停止服務，這看來當然很沒有效率，不過我們有把握認定，處理申請案的工作天數，最多不會超過百分之七十。

為什麼戲院觀眾有人坐走道、有人坐後排？

　　無生命物品的一項好處是，就算是儘量擠壓聚攏，它們也不會在意，而人類通常就不是這樣。心理學家所稱的「個人空間」（personal space）現象牽涉到民眾會採何種方式聚攏，並有各種潛藏含意。當然，人類和白扁豆還有一種基本差異，因為人類通常會有些影響力，可以決定自行排列的方式，因此會即興設計本身的集結定則。

　　民眾集結裝填問題有許多典型範例，其中一項就是在戲院就座。戲院觀眾是三三兩兩分批進場，這點和白扁豆罐頭或行李箱都不同。同時，儘管戲院已經就滿座的狀況預作安排，觀眾進入戲院就座的方式，卻是更為複雜的問題，有時並不能達到預估容量。

　　觀眾進入戲院時，會受到兩種力量的影響來選擇座位：

- 「引力」（Attractive forces）：有些力量會吸引人群到特定位置就座，不過個別力量的相對強度，就要看個人因素來決定。有些人比較喜歡

靠近銀幕的座位（這樣才看得清楚）；有些人則喜歡坐在戲院後側（這樣他們才能私下進行某些活動）；另外還有人特別偏好最方便進出的座位（好比一排的末尾座位），於是就會有幾群觀眾在戲院各區零星聚集。

● 「斥力」（Repulsive forces）：戲院觀眾會感受到各種斥力，其中最強並遠勝其他的斥力就是其他觀眾，這就是個人空間因素。若有選擇餘地，大家都會儘量遠離自己不認識的觀眾，或是避開某人正後方的座位，這樣他們的視線才不會受阻。

如果觀眾在戲院就座時，只會受到斥力的影響，那麼大家所選定的座位，就很可能會構成類似六角晶格的分布形式，這在本章前面也曾提及，因為那種二維區間，可以讓觀眾儘量彼此遠隔。然而，由於還有各種不同的引力，六角形分布形式就會產生扭曲，於是戲院的前段、後段和中央走道附近，就會聚集較多人。

公車上也會產生相仿的引力、斥力綜合作用，這時的引力主要就是方便性。多數人都喜歡最靠近門邊，或階梯頂端的座位。不過，有些人搭乘雙層公車時，也特別偏愛上層車廂前座。和戲院相比，公車上的各種斥力都比較強，因此乘客的分布很可能比較均勻。進行非正式觀察就會發現，隻身乘客只要有機會，都會選擇空著的雙人座。

公車乘客或戲院觀眾全都就座之後，他們所構成的模式就可以稱為「平衡態」。看來這隱約就像是在物理課堂上所講授的教材。當然了，人群自行就座方式和原子粒子間確實有微妙雷同之處。

| 知 | 識 | 補 | 給 | 站 |

如何最快進入捷運車廂？

過去已經有許多研究是針對群眾動力學鑽研，以探究民眾如何集結裝填並共同移動，這類研究已產生一項有趣結論：當你在等候捷運時，站立位置有最優與最劣之別。

採數學模擬已經證實，倘若你是沿著月台邊緣排隊，貼著車側向車門前進，就可以較快上車；若是正對車門，速度就會比較慢。這裡最明顯的原因是，如果你兩邊都有人，還都可能相撞，你移動時就會更為謹慎；倘若你是沿著月台邊緣移動，那麼就只需要注意一邊，即可避免撞上別人。

男人如廁，離陌生人愈遠愈好？

就幾種堆疊情況而言，斥力是最大的影響因素，在這類情況中，堆疊作業的目標就是要讓物體儘量彼此遠離。例如：無線電發射天線杆就完全不該聚集在一起，因為天線杆的目的，就是要儘量擴大發射範圍，涵蓋最大的地理區域。由於每根天線杆朝各方向的播送距離都約略相等，其發射距離便可以用圓圈來表示。因此，網絡設計工程師的目標，便是要以最少可能的圓圈數來涵蓋全區。

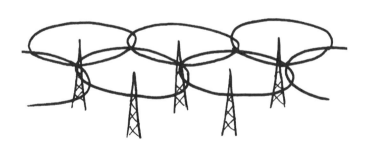

這種向外擴展問題和堆疊白扁豆罐頭的問題相仿，不過這次在圓圈之間，並不允許出現空隙。由於所有地點都要收得到無線電波，因此都必須位於至少一根天線杆的發射距離之內，於是圓圈就必須重疊，這次的最佳解法，也必然是類似六角晶格。

另一種區間問題和人類比較有關，那就是男士

小便斗的問題。不熟悉男廁內部運作的女性，或許並不知道，男士面對牆壁站立時，通常會儘量拉長彼此的間距。如果小便區沒有人，那麼第一位進入的男士，通常會使用最尾端的小便斗，下一位會使用另一端的小便斗，這樣就可以儘量拉長彼此的間距，也因此第三位就會使用最靠近中央的那具。隨後進入的男士，每位都會潛意識（也或許是刻意）選擇所剩最大空間，並取其中點，倘若最大間距之長度還不到三個小便斗，那麼新來者就被迫在現有使用人當中，擇一站在其緊鄰位置。有些男士在這種情況下，會感受到極強斥力，於是他們會改用有門的隔間。

這種行為相當好預測，至於其中所牽涉的簡單數學，在男廁之外是否還有其他用途，那就是另一回事了，而且這也不能幫忙解答，為什麼女士要兩兩結伴上廁所。

第5章

我該回答問題嗎？

英國有許多機智問答電視節目，參加的來賓只要答對問題，就有機會獲得高額獎金！這股猜謎贏獎金的風潮也延燒到台灣來，遊戲的方式也大同小異。事實上，你知道要怎樣答題才有機會拿到期望獎金嗎？有些問題或許不要回答比較好？本章挑選英國歷來中最成功也最熱門的兩種機智問答節目，深入其中討論何謂真正的答題技巧。

【有趣的謎題】

● 要拿錢走人或賭下去？──機智問答節目中的兩難

● 二中取一的術語有哪幾種？

● 如何先搶到《百萬富翁》參賽權？

● 如何找出最佳的團隊猜題策略？

● 什麼是《最弱環節》團隊遊戲的推薦戰術？

● 明明是兩個選一個，為什麼機率不是五五波？

要拿錢走人或賭下去？
——機智問答節目中的兩難

　　電視公司的主管們始終都在發掘更新鮮有趣的競賽型節目，好排入當季的節目表中。熱門節目都有許多獲致成功的關鍵因素，其中一項就是要能產生節目張力，並逐漸累積人氣達到高潮。有種做法可以幫助累積張力，那就是提供參賽來賓選擇：「你要選擇拿獎金，或賭下去？」這就像是在玩多種撲克遊戲時，都要決定「抽牌或不抽了？」。

　　《好好出牌》機智問答節目（*Play Your Cards Right*，英國電視節目名稱）就是如此，這是個價值六萬四千鎊的問題，而且，一旦碰上競賽節目中的關鍵場面，懂點數學可能還會有些幫助，例如：「決策理論」（Decision Theory）的應用。

　　決策理論到處都有人在應用，這在政府和管理顧問界特別流行，本章也可以大改議題，專注討論該不該在倫敦建設新機場、究竟該投資亞洲或美洲，或者其他無數需決策的事項。不過，若從人情來考量的話，不會有其他例子比電視競賽節目更好、更適合用來探討決策背後的數學。本章從許多競賽型節目中，挑出兩種來深入討論，事實上，這

是歷來所有競賽形式當中最成功的兩種。

　　想像你正參加電視機智問答節目《誰想成為百萬富翁？》（*Who Wants to Be a Millionaire?*，英國電視節目名稱），到目前為止，你一直表現得非常好，而且已經贏得了六萬四千鎊獎金，倘若在下一道問題的回答中，你答對了就能贏得十二萬五千鎊，但是答錯了，就要輸掉三萬兩千鎊，現在，主持人給的問題如下：

哪份報紙曾經固定刊載卡爾‧馬克思（Karl Marx）的專欄？

A 《曼徹斯特衛報》（*The Manchester Guardian*）

B 《紐約先驅論壇報》（*The New York Herald Tribune*）

C 《倫敦泰晤士報》（*The London Times*）

D 《法國世界報》（*Le Monde*）

　　沒有把握哪個答案才是正確的？那麼，你還剩下一條「生命線」[1]，機率是「50-50」，這樣你就可以使用刪去法來刪掉錯誤答案，只要從二中選一即可——假設你決定要使用「生命線」了。

　　現在，你只剩下兩個選擇，包括：（B）《紐約先驅論壇報》以及（C）《倫敦泰晤士報》。

　　接下來，你得做出決定了。你可以回答本題；或者是放棄，然後拿走贏得的六萬四千鎊獎金。答

註[1]「生命線」係此類機智問答節目中，提供參賽者擁有的求救機會。四個答案會刪去兩個，讓參賽者縮小範圍從兩個答案中擇一。

案應該是什麼呢？稍後請參見本章的說明。

　　一九九八年，《誰想成為百萬富翁？》在國際上大受歡迎，這個節目和許多成功的機智問答節目，同樣也會累積張力。《誰想成為百萬富翁？》提供機會，讓角逐者用高額獎金來下注賭博，參賽者可以選擇貪心或穩紮穩打。通常，參賽者都會承受一絲道德壓力，被暗示要他們選擇賭博，因為只有這樣做，電視節目才會比較精彩。

　　若有讀者並不了解頒發獎金的技術細節，底下就說明其構成方式。參賽者從零開始，每次答出正確答案，獎金就累進一層，超過一千鎊獎金的層級如下：

1,000 鎊　（第一道安全網）
2,000 鎊
4,000 鎊
8,000 鎊
16,000 鎊
32,000 鎊　（第二道安全網）
64,000 鎊
125,000 鎊
250,000 鎊
500,000 鎊
1,000,000 鎊

　　如果參賽者答出錯誤答案，就會從現有層級跌回前一道安全網，因此，假定在 8,000 鎊層級答錯，參賽者就只剩下 1,000 鎊獎金，若是在 500,000 鎊層級答錯，那麼獎金就只剩 32,000 鎊。

　　要不要賭下去，大體上就要看機率來決定。剛才的問題和馬克思有關，或許你很了解這個人，也或許並不十分熟悉，但是你的本能知道，自己對馬克思問題有多少把握，於是你就可以把信心轉化為機率。最簡單的情況就是，你完全不知道答案為何，這時你就知道自己完全是在猜測，而且若是有兩個選項，那麼你答對的機率就為百分之五十。純猜測的決策樹如下圖所示：

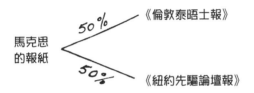

《倫敦泰晤士報》

馬克思
的報紙

《紐約先驅論壇報》

　　決策樹的分支代表不同結果，並沿著分支分別列出產生該結果的機率。

| 知 | 識 | 補 | 給 | 站 |

二中取一的術語有哪幾種？

拋擲硬幣出現正面的機率為何？

(a) $\frac{1}{2}$

(b) 50-50

(c) 50%

(d) 0.5

答案是……以上皆是。

《誰想成為百萬富翁？》讓「50-50」講法開始流行，不過機率專家會交互使用所有這四種寫法。

但是，如果你覺得自己對這項問題有些認識時，狀況就會比較複雜了。例如假設你得知：「馬克思一度住在倫敦……」，或許這就會讓你提高答對機率，成為百分之七十五，並也使答錯的機率等於百分之二十五。附帶一提，這項機率的意義是，在此情況下，你的自信程度需為百分之七十五，於是你可能會預期，自己提出的答案有四中選三的機會是正確的。

這時決策樹便如下圖所示：

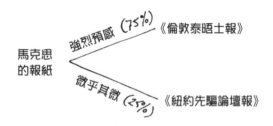

馬克思
的報紙

強烈預感（75%）　《倫敦泰晤士報》

微乎其微（25%）　《紐約先驅論壇報》

這些機率都只是直覺，無法證明正確答案為《倫敦泰晤士報》的機率等於百分之七十五。畢竟，我們都知道，這項答案要不就是百分之百正確，不然就是百分之百錯誤！無論如何，你所做出的評價，會因你對問題的理解而有所不同。不過，你運用決策樹時，必須就手頭資訊來構思，而且如果你只能做非正式估計，那也只好如此了。

由於你希望把自己答對的機率拉到最高，就此例而言，你就會選擇《倫敦泰晤士報》選項，因為你的直覺就是如此，不過，這時你是否應該冒險？

至此你只知道正誤的相對機率，卻沒有任何資料可以告訴你，究竟是否該從中選擇。這時，你就

有必要從可能的決定結果設定數值，決策樹可以幫你做這個動作，我們已經知道，馬克思問題的兩種結果各是相當於多少錢：

● 答對→125,000鎊
● 答錯→32,000鎊

　　就讓我們回頭看最簡單的狀況。前面你絲毫不知道該選擇哪項答案，或許你根本就可以拋擲硬幣來決定，你選對答案的機率是百分之五十（或0.5），決策樹會告訴你怎樣做？

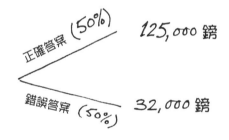

正確答案（50%）　125,000鎊

錯誤答案（50%）　32,000鎊

　　答完這道問題後，你就會贏得32,000鎊或125,000鎊[2]。不過就平均而言，你的獎金會是在其間某個金額，只要分別就決策樹兩個分支的金額乘上機率，你就可以算出結果。就本例而言為（0.5×125,000鎊）+（0.5×32,000鎊）＝78,500鎊。

　　繼續比賽的價值為78,500鎊，要決定是否值得

註[2] 其實，選對這項答案的價值還不只125,000鎊，因為遊戲並不會就此結束，只要達到125,000鎊層級，你就有機會爭取250,000鎊和更高獎金。如果角逐選手的實力堅強，那麼答對125,000鎊問題的財務價值更不只於此，較好的估計值應該是200,000鎊。

| 知 | 識 | 補 | 給 | 站 |

如何先搶到《百萬富翁》參賽權？

實際上，百萬富翁節目最困難的部分是先要能夠參加，但是獲邀參加的機率卻極低，這點對你非常不利。不過，就算成真，你還是要和其他九位參賽者競爭，角逐百萬富翁寶座。而且，如果你估量其他參賽選手，認為他們的知識水準遠比你雄厚，那麼你就要陷入困境。

不過，這時你做點數學就會有幫助。要榮登寶座，你必須盡快將四個答案選項依序排列。例如題目是：將以下項目從最西方到最東方者順序排列：(A)巴黎、(B)倫敦、(C)諾里奇、(D)布來頓。很難答吧？這時很可能有競爭對手知道正確答案。你要取勝，唯一做法就是想出正確答案，並搶先第一個回答。問題是，可能的排列方式很多，有可能是 ABCD 或 ACDB，或者是其他二十二種不同排法之一。

如果你認為這場比賽競爭激烈，那麼你的最佳對策，就是把四個字母隨便排列並盡速搶答。如果你有辦法，那就在兩秒鐘以內提出，這樣一來你就可以確信，至少自己是第一個搶先回答。你提出正確答案的機率是二十四中取一，約等於百分之四。不過，就算第一題答錯了，你在節目中肯定還是會有第二次，甚至於第三次機會。這種節目是在新參賽者中選出三名，因此，你選對答案，而且雀屏中選的機率就等於 $1-(23\div24)^3$，或約為七分之一。沒什麼了不起，不過前景還是比較光明，遠超過你剛開始時的渺茫機率。

繼續玩下去，你必須就這個價值來和其他選擇做比較——那就是拿錢走人。如果你決定後者，那麼你就可以拿走 64,000 鎊。由於 78,500 鎊超過 64,000

鎊，那麼根據這個簡單的決策模型，只要你有50-50的機會就都應該賭下去，繼續參加64,000鎊層級的比賽。事實上，這個數學模型也顯示，不管是在《誰想成為百萬富翁？》的哪個層級，只要機率為50-50，就全部都值得賭下去，就算是在五十萬鎊層級，爭取一百萬鎊時也一樣。

不過換成是你，你真的會這樣做嗎？如果你有機會拿到五十萬鎊，那麼你必須有多大的把握，才願意冒著賠上這筆錢的風險，去爭取一百萬？這全都要看你是否認為，一百萬鎊的價值就是五十萬鎊的兩倍。就多數人而言，一百萬鎊遠超過他們這輩子的夢想，不過，五十萬鎊也是如此，兩筆獎項對我們的價值是非常接近，或借用經濟學術語就是效用雷同。就算是32,000鎊，對多數人也可以算是筆財富，就另一方面而言，非常有錢的人就會認為32,000鎊實在不值一提，這時這筆錢的效用就比較低，只不過多個一百萬鎊而已，可不是嗎！

換句話說，如果獎金額度很高，那麼決策樹所含獎賞的價值就會受到扭曲。同時，除非你純粹是從金錢角度來看這回事，否則你就有必要把金錢價值換算成效用價值，這裡就提出三位尋常角逐者，來說明效用有可能因人而異：

- 安吉：如今負債，若有8,000鎊就可以讓生活改觀。

- 布萊恩：小康，不過若有50,000鎊，就可以償

清貸款債務。

● 卡拉瑞莎：富裕，不過若有一百萬鎊，就可以
　實現夢想，在巴哈馬群島購置遊艇。

　　所以，你可以想像，你自己就要進入這三個層
級之一。假設我們是用0到100點量表來測定效
用，三位角逐者的效用圖或可呈現如下：

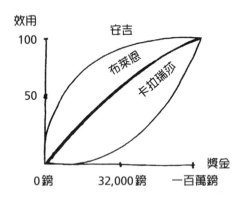

　　當安吉超過32,000鎊層級，獎額自此開始就幾
乎是毫不相干了，因為不管額度高低，都足夠改變
她的生活；另一方面，就卡拉瑞莎而言，32,000鎊
等級的獎金，也只不過是零用錢，幾乎毫無價值。
不過，當金額提高到六位數字之時，其價值很快就
會變得較高了。

　　有種模型十分複雜，這裡無法詳細呈現。那種
做法考慮到比賽各個層級的不同效用，結果得出以
下的建議，至於該採用哪項對策，那就要看你是屬
於哪種人。

　　下表分別呈現三位角逐者在進入各個層級之
前，應該有多大的信心才敢放膽一搏：

答對可得獎額	安吉	布萊恩	卡拉瑞莎
100 鎊	80%	25%（四中取一值得猜）	25%
8,000 鎊	90%	40%	25%
32,000 鎊	95%（禁不起損失）	40%（通往大獎的途徑）	25%
125,000 鎊	60%（太高了，不在乎？）	70%	50%
一百萬鎊	90%	90%	75%

如果在百萬富翁節目中，每回答一項問題，都可以讓你的獎金加倍或完全輸光，那麼選手的信心就必然會愈來愈高，因為獎金提高了，很值得冒險一試。然而，在32,000鎊處還有道安全網，角逐者超過這個層級之後，就算答錯一項問題，還是保證可以拿走32,000鎊，因此，這項問題就是所有選手的轉捩點，對於有條件賭下去的選手，也會造成重大改變。

就安吉而言，在較早階段每次獎額提高都很重要，也因此除非她的信心十足，否則損失任何獎額都會很愚蠢。一旦超過32,000鎊，安吉就可以輕鬆了，債務已經償清。她可以放手多賭一把。

不過，就布萊恩和卡拉瑞莎而言，在進入32,000鎊層級之前，都還不算是玩真的，較低獎金並不會大幅影響兩人的生活。就兩人而言，就算是機率低於50-50，也都值得放手一搏，這是由於32,000鎊層級是通往64,000鎊並更進一步的途徑。

其實就布萊恩而言，即使機率不到50-50，他還是值得賭下去好登上那個層級。另外，16,000鎊對卡拉瑞莎是無足輕重，當她碰到32,000鎊問題，就算要四中取一完全亂猜，還是值得賭下去。

　　無論如何，根據這個模型卻可以發現一個怪現象。等到三人都面臨125,000鎊問題，或許布萊恩會比安吉更謹慎看待風險。這是可以讓布萊恩的生活改觀的層級，至於安吉則早就超過那種層級，因此就算結果是落入32,000鎊層級，她依舊會欣喜若狂。通常，在比賽的所有層級，有錢人都比較會選擇賭下去，較不富裕的人就會比較慎重。

　　本章開頭刊出了一項有關於馬克思的問題，價值125,000鎊，你是要拿錢走人呢（因此或許你就可以歸入布萊恩一族）或是賭下去？正確答案是《紐約先驅論壇報》（當時這份報紙帶點左傾色彩）。如果你答錯了，這下就可以鬆一口氣，因為你並沒有真的在賭錢。

如何找出最佳的團隊猜題策略？

　　《誰想成為百萬富翁？》下檔之後，《最弱環節》（*The Weakest Link*，英國電視節目名稱）繼之而起，這也成為機智問答節目的最大話題。儘管這種競賽的型態非常不同，因為角逐者是要相互競爭，搶奪單一獎項，不過，這兩種節目的贏錢機制，卻有許多共通之處。

　　《最弱環節》的標準玩法：剛開始有九位角逐者，要輪流回答一項問題，如果他們答對了，就把團隊獎金提高一個層級。角逐者也可以在聆聽問題之前喊「金庫！」（Bank），這樣就可以把至此所獲獎金納入公有金庫，於是下一項問題又回到最初層級。

　　該節目英國版的遊戲獎額原本較低。根據其結構，各輪實際獎金條列如下：

1	答對	20鎊
2	都答對	50鎊
3	……	100鎊
4	……	200鎊
5	……	300鎊
6	……	450鎊
7	……	600鎊
8	……	800鎊
9	……	1,000鎊

觀賞這個節目的人，肯定都曾經自問：「喊『金庫！』的最佳時機為何？」有項理論說明，當你提出正確答案，最好就繼續下去，因為每次提高的差額都會愈來愈大。就另一方面而言，如果團隊連續答對五題，結果第六題答錯了，那麼300鎊就付諸流水，或許最好是穩紮穩打，在很低層級就納入金庫。

你可以採一種做法來分析這種競賽，那就是鑽研不同策略的預期獎額，由於決策樹會變得非常複雜，因此分析過程也很艱深。不過，或許你可以根據競賽早期階段的預期獎金，來開始思索並嘗試去理解。

最基本的對策是，每次答對問題就喊「金庫！」來保本，這樣每次就都能贏20鎊。假定你預期整體答對機率為百分之五十，那麼經過了第一輪，你下回的獎額就如下所示：

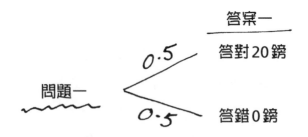

一輪之後的平均（或預期）勝算為（0.5×20鎊）＋（0.5×0鎊）＝10鎊。

答完兩題之後又是如何？

		答案二	納入金庫額度
		答對 20鎊	40鎊
答案一		答錯 0鎊	20鎊
答對 20鎊	問題二	答對 20鎊	20鎊
問題一		答錯 0鎊	0鎊
答錯 0鎊			

決策樹有四種可能路徑，答對→答對、答對→答錯、答錯→答對和答錯→答錯。沿著各分支，將所有各選項分別乘上機率，接著把各選項所得乘積相加，就可以算出這項對策的價值。就本例狀況，這就等於 0.5×0.5×金庫額度，結果等於20鎊，這就是第二輪完成之後的預期收益。事實上，若是採這種對策，每20鎊都納入金庫，而且答對的機率都為百分之五十，那麼競賽預期獎金就為每題10鎊，當你答完二十五題，納入金庫的預期金額平均就為250鎊。

這種策略和第二簡單的對策（當你到達50鎊時才納入金庫）相比又是如何？我們還是假定，你提出正確答案的機率為百分之五十，或許你會預期，既然50鎊超過20鎊的兩倍，採這種對策應該會賺到更多錢。

完成兩題之後，可能結果便為：

每50鎊就入庫（答對機會為50%）

問題一	問題二	納入金庫額度
答對（0.5）	答對（0.5） 答錯（0.5）	50鎊 0鎊
答錯（0.5）	答對（0.5） 答錯（0.5）	20鎊 0鎊

預期收益為（0.5×0.5×50鎊）＋（0.5×0.5×0鎊）＋（0.5×0.5×20鎊）＋（0.5×0.5×0鎊）＝**17.50鎊**

只有17.50鎊？請回想，前面你是採用20鎊就入庫對策，預期完成兩輪之後會有20鎊；卻沒料到，答完兩題之後，採20鎊入庫對策會比50鎊入庫對策賺更多錢。而且，其實不管你經過幾輪，這種狀況還是會延續下去。

若是你預期答對的機率改變，好比百分之七十，那麼狀況又是如何？這是否會改變最佳的策略選擇？的確會。請看採20鎊和50鎊對策，分別完成兩輪之後的決策樹：

每20鎊就入庫（答對機會為70%）

問題一	問題二	納入金庫額度
答對（0.7）	答對（0.7） 答錯（0.3）	40鎊 20鎊
答錯（0.3）	答對（0.7） 答錯（0.3）	20鎊 0鎊

完成兩題之後的預期獎金為（0.7×0.7×40鎊）＋（0.7×0.3×20鎊）＋（0.3×0.7×20鎊）＋（0.3×0.3×0鎊）＝**28鎊**

每50鎊就入庫（答對機率為70%）

問題一	問題二	納入金庫額度
答對（0.7）	答對（0.7） 答錯（0.3）	50鎊 0鎊
答錯（0.3）	答對（0.7） 答錯（0.3）	20鎊（尚未入庫） 0鎊

完成兩題之後的預期獎金為（0.7×0.7×50鎊）＋（0.7×0.3×0鎊）＋（0.3×0.7×20鎊）＋（0.3×0.3×0鎊）＝**28.70鎊**

因此，當答對題目的機率為百分之七十，那麼在完成兩輪之後，50鎊入庫對策的收益就會小額超前，結果也發現，這在完成較多輪問題之後依舊為真。

然而，另有一項結果也為真，那就是在這種百分之七十勝算層級，若是每100鎊就入庫，收益就會超過50鎊入庫做法，而且每200鎊就入庫還要更好。事實上，不管在任何獎金層級，50鎊或100鎊入庫做法都不會是最佳策略，唯一例外就是當你進入最後關鍵，這時不管你手頭有多少獎金，都應該入庫為安。

儘管當團隊答題技巧增進，最佳入庫額度層級也會隨之逐步提高。若是就《最弱環節》的基本型式而言，你還是可以把比賽戰術粗略歸併，構成三條非常簡單的定則，詳細說明參見下頁「知識補給站」的內容。

105

| 知 | 識 | 補 | 給 | 站 |

什麼是《最弱環節》團隊遊戲的推薦戰術？

如果你預期只能答對半數問題：每20鎊就入庫。

如果你預期約可以答對三分之二的問題：等到200鎊時才入庫，不要提前。

如果你預期可以答對超過百分之九十的問題：爭取1000鎊，不要入庫。

事實上，你也可以在家中採納這種實用策略跟著玩，通常你只需要玩過一輪後，就可以估出某支隊伍是預期可答對百分之五十、三分之二，或者是百分之九十的團隊。而且若你觀賞節目時，也採用「知識補給站」所教的戰術，不要理會他們的「金庫！」，並改採你自己的做法，那麼通常你最後賺到的錢，就會比他們的還多。這是由於弱隊想要碰運氣，並不會在20鎊就入庫，也因為強隊通常會太早入庫，到了最後幾輪，就算是強勁隊伍，也要退化到百分之五十的層級。

倘若你真的上節目去參加角逐，這時就有必要因應個人情況來改變行為。因此，如果你本人回答問題時，有百分之九十信心可以答對，那就絕對不要入庫。另一方面，如果排在你前面的人，已經累積達450鎊，而你卻認為，自己只有百分之五十的答對機率，那就立刻入庫。

　　若是獎金額度較高，特別是提供鉅額獎金的美國版節目，這時「效用」因素也會產生紛雜影響，這點和《誰想成為百萬富翁？》的分析過程雷同。此外還有其他心理因素也都不能忽略，例如：你理所當然可以不入庫，直接回答450鎊問題。不過，萬一你正好就答錯了，那麼你這個人幾乎肯定會被票選為最弱環節，還附帶要承擔一切羞辱。除此之外，還有不希望表現得太聰明的考量，當比賽進入最後階段，只剩下三位選手時，回答表現突出的角逐者，幾乎總是要被其他兩位投票排除[3]。

107

註[3] 這類節目每比過一輪，就會由參賽者投票決定要淘汰誰。太弱的隊友會因為降低戰力而被淘汰，但有時候太厲害的傢伙也會提前被淘汰，因為誰都不希望最後只剩兩個人時，必須和強者對決。

明明是兩個選一個，為什麼機率不是五五波？

　　有種競賽節目決策相當有名，主要卻不是因為上了電視而成名，而是肇因於正確答案的爭議。問題焦點是產生自一次節目的終場，那是一九六〇年代的美國熱門節目，稱為《我們來交換》（*Let's make a deal*），主持人是蒙提·霍爾（Monty Hall）。到了節目結尾，一位角逐者要從三扇門中選擇一扇，其中一扇門後有特獎，例如一輛車；其他兩扇後面就只有廉價獎項，好比一個垃圾桶。

　　現在想像你就是那位角逐者，而且你從其中選出一扇（3號門）。在開門之前，主持人從另外兩扇之中選出一扇（2號門），並打開露出一個垃圾桶，現在有兩扇門，其中一扇之後就是那輛車，主

持人問你要不要放棄你剛才選的，並改選另一扇門。你是會堅持3號門，或者你要改選1號門？

　　面對這項挑戰的人，有百分之九十九會堅持他們當初的選擇，其原因是選對機率為50-50，那麼為什麼要換？不過，事情在這裡變得極端微妙，這並非50-50的選擇，因為主持人有責任作秀，也知道哪扇門後藏有垃圾桶，於是他打開一扇，來提高緊張氣氛。你選擇的門後藏有汽車的機率為三中取一，汽車藏在另兩扇門後的機率則為三中取二。主持人打開一扇後面藏垃圾桶的門之後，另一扇後藏了汽車的機率依舊是三中取二。

　　當然，經驗顯示，上述簡短說明還完全不足以令人信服，心懷質疑的人還是不相信換門會是個好主意。要理解這項問題，最好的方法顯然就是做實驗，底下就是實驗做法。

　　要一位朋友（就稱他為小福）發三張牌，其中包括一張A，面朝下擺放。小福必須看牌，這樣他才知道哪張為A，你要面對挑戰挑出A牌，這就代表汽車。選定一張牌，由於小福看過牌，因此接著他就翻開一張不是A的牌，隨後就問你是要交換或要維持原牌。好，開始挑一張牌……

這就是你選定的牌，仍然是面朝下：

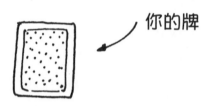

你的牌

小福看其他的牌，接著就翻開一張不是A的牌，就像這樣：

要不要拿你的牌
來換這張？

接著他就問你，要不要拿你的牌來換。如果你決定保留原牌，那麼獲勝機會就約為三分之一，如果你決定換牌，那麼你就約有三分之二的獲勝機會，而且除非你是非常非常倒霉，否則絕對會超過五五波。只要玩這種遊戲至少十次，你就會開始看出，為什麼這種選擇完全不是50-50機率[4]。

註[4] 儘管至今幾乎所有人都稱此為「蒙提・霍爾問題」（Monty Hall problem），實際上卻可以回溯自一九三〇年代，或甚至更早。其實，這裡所描述的換門場面，恐怕也從來不曾出現在蒙提・霍爾的節目中。根據蒙提・霍爾本人的講法：「我在那次節目裡面，的確從沒有被選上的門中打開一扇，並露出後面的東西。不過，我並不記得曾經提供機會，讓參賽來賓拿她所選的門來交換剩下的

110

很難懂？確實如此！不過，這個例子也可以說明，只要你稍微懂點數學，就可以帶來豐厚的報酬。回過頭來講，一旦身處競賽節目的激情壓力，又有誰能夠保持冷靜，清楚構思？

那扇，我詢問工作人員，有沒有人記得我那樣做過，結果除了一個人之外，其他人全都說沒有印象。」

第6章

走樓梯會不會比較快？

設計電梯的最大難題，和乘客等候的時間有關。直至今日，其中一項挑戰便是如何提高搭載效率，確保電梯能夠讓乘客耽擱最短、挫折最少，並如願前往想去的樓層。或許你可以想像這種情況：某家公司要把一千人納入一棟建築，還要安裝足夠的電梯來提供高速服務，隨後卻發現，要達到這種成果，除非把辦公樓面空間全部當成電梯井！由於空間不足，電梯工程師才被迫發揮巧思，要用最少的電梯，來達到最高的服務品質。關於如何發揮電梯最佳效能的問題，本章就要來逐一討論。

【有趣的謎題】

● 電梯業者關心速度甚於安全？

● 電梯等多久會開始不耐煩？

● 如何縮短電梯的等候時間？

● 如何計算建築物需要幾部電梯？

● 讓電梯加速就能服務更快嗎？

● 如何估計電梯的停靠次數？

● 為什麼有些電梯會反方向行進？

● 電梯為什麼不理你？

● 慢速電梯讓乘客更滿意？

電梯業者關心速度甚於安全？

你或許會認為，電梯工程師的最大顧慮，是要保證不讓電梯故障。但事實結果卻是，工程師在設計時，要讓電梯能夠安全懸掛在幾百尺高處還比較容易。五十年來，電梯的基本機械裝置幾乎毫無改變，同時，不管現代電梯的聲譽如何，這種裝置卻幾乎從不曾出錯。

設計電梯的最大難題，反而是和乘客等候的時間有關。直至今日，其中一項挑戰便是如何提高搭載效率，確保電梯能夠讓乘客耽擱最短、挫折最少，並如願前往想去的樓層。

許多產業的設計師，所要面對的問題並無二致，包括電梯業和其他也牽涉到等候課題的產業，好比超級市場或交通管理業。然而，等候電梯卻會引發不一樣的挫折。交通和商店的問題通常都顯而易見，而且不管是否應該怪罪業者，至少總可以找到咒罵咆哮的對象。但是乘客待在電梯時就少了這種真人的條件，電梯門後就是個搭客機廂，由電子意識自主升降，正因為如此，電梯的乘客才對無所事事虛擲的光陰特別敏感。

大體而言，服務品質是從乘客召喚電梯到電梯啟程的間隔時段來衡量。嚴格而言，這裡要考慮到兩項不同因素：一項是電梯抵達的平均所需時間；另一項則是最長時間。兩項都必須能夠讓人接受，才能達到令人滿意的服務品質。

圖示的電梯服務時間應該可以被接受……

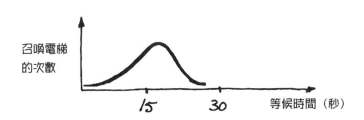

至於下圖電梯的服務品質，儘管平均時間較短，卻或許無法接受，因為有時候要等待很久……

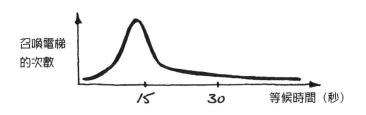

第一種例子的平均時段較長，不過分布範圍
（或「標準差」，standard deviation）較窄，至於第
二種的平均值較低，其分布範圍卻較廣。

| 知 | 識 | 補 | 給 | 站 |

電梯等多久會開始不耐煩？

　　根據奧的斯（Otis）電梯公司的經驗，在繁忙辦公環境，電
梯乘客等候約超過十五秒鐘，就會開始不耐煩；召喚電梯若等候
達二十五到三十秒之間，乘客就會認為這種服務不好；而在三十
五秒之後，就算最有耐心的乘客，也會開始感到不耐煩。

如何縮短電梯的等候時間？

有種明顯做法可以縮短等候時間，那就是乾脆安裝許多台電梯。電梯愈多，當乘客召喚時，恰好有某台電梯就位於鄰近樓層的機率也會愈高，但是，就算是建築物的電梯數量增加，也只有當機廂都分散在不同樓層時才會有幫助。倘若所有機廂都是在地面層待命，那麼不管有多少台電梯都沒有幫助，以下的簡單例子就可以證明這點。

假定在一棟九層樓建築中，一台電梯要花五秒鐘，才能通過一個樓層抵達某位乘客的位置，而乘客則是平均散佈於所有樓面。

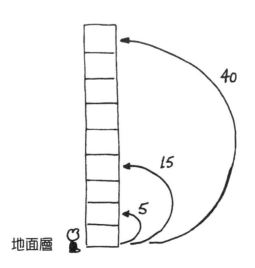

117

地面層

如果所有的電梯都位於地面樓，那麼當乘客位於地面樓時，最接近的電梯只需要花零秒鐘就可以抵達；如果乘客是在頂樓，那麼就要花四十秒鐘。兩者平均爲二十秒鐘，不管是一台或一百台電梯，結果都相等。

然而，若有三台電梯分散於第一、四、七樓，如下圖所示[1]。本圖說明了某台電梯抵達某位顧客所需平均時間，可以從二十秒鐘縮短到剛好超過三秒鐘。電梯數量增加到三倍，等候時間則縮短爲六分之一。

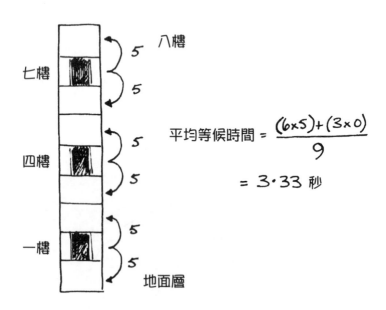

$$平均等候時間 = \frac{(6 \times 5) + (3 \times 0)}{9}$$

$$= 3 \cdot 33 \ 秒$$

註[1] 英國對樓層的稱呼與台灣不同。台灣習稱平地面的樓層爲一樓，英國則稱爲「地面樓」（Ground Floor），再往上才是一樓、二樓（1st floor、2nd floor⋯⋯）。本文所指的樓層係從英國的習慣，故以本例的九層樓建築而言，八樓即爲頂樓。

當然了，若有九台電梯，每層樓就都可以有一台電梯等在那裡，於是等候時間便縮短爲零秒。

顯然，電梯最好是分散遍佈建築各樓層，由於乘客是隨機召喚，因此似乎自然會朝這傾向發展。不過電梯工程師並不想完全依賴運氣，通常電梯都有分區系統，這樣就能保證不會產生群集聚攏的現象。典型電梯都有樓層特區分配，類似像大本營或總部的區域範圍，沒有人使用時，電梯就會回到大本營範圍，就好像狗會回到自己的窩中，在那裡翹首等候召喚。安裝大批電梯並區分特區，算是種「蠻力」解決的途徑，這有兩個缺點：一是電梯很貴；另一個則是電梯井會佔用空間。

或許你可以想像這種情況：某家公司要把一千人納入一棟建築，還要安裝足夠的電梯來提供高速服務，隨後卻發現，要達到這種成果，除非把辦公樓面空間全部當成電梯井！由於空間不足，電梯工程師才被迫發揮巧思，目標是要用最少的電梯，來達到最高的服務品質。

部分高樓建築採用雙層電梯來解決問題。你可以從地面樓或一樓，搭乘同一台雙層電梯，地面樓的電梯機廂可到達所有雙數樓層，而一樓的電梯機廂則到達所有的奇數樓層。由於電梯的兩層機廂彼此相疊，你只需要一道電梯井，不過這卻會影響效率。因爲當電梯停在四十樓之時，就算上面奇數機廂中的乘客，並沒有人要去四十一樓，卻還是必須在那裡停留。

| 知 | 識 | 補 | 給 | 站 |

如何計算建築物需要幾部電梯？

在典型的辦公建築中，每四個樓層都應該分配一台電梯，才能構成高效率升降系統。不過，在非常高或非常擁擠的建築中，這個比率還較可能偏向每三個樓層就分配一台。如果一天中有特定時段會出現繁忙尖峰流量，這時也需要更多台的電梯，通常這種尖峰時段，都是在輪班開始和結束時出現。

讓電梯加速就能服務更快嗎？

如果無法安裝更多台電梯，那麼，還有一種方法可以改善服務，那就是讓電梯加速運作。這也可以按照文字意義，代表提高機廂的行進速率，就部分非常高的建築而言，電梯加到最高速時，每秒約可行進十公尺，或約等於三十六公里時速。然而，電梯達到這種最高時速的加速度卻有上限，因為多數乘客並不太喜歡高 G 力（g-forces，重力），或失重感受。（如果他們真的喜歡，早就去報名搭乘太空梭了。）因此，通常電梯的加速度，都要限制在約每秒加一公尺，這就表示至少要花十秒鐘，才能達到每秒十公尺的最高速率。有種標準公式可以算出行進距離，公式說明：

$$距離 = \frac{1}{2} 加速度 \times 時間^2$$

因此，在加速達到全速的十秒期間，電梯會行進 $\frac{1}{2} \times 1 \times 10^2 = 50$ 公尺。

五十公尺約相當於十五層樓建築，電梯還要另外十五層樓來減速，這就表示，建築必須達到三十層樓，才有足夠高度讓電梯達到最高速並維持片

刻。同時這也要假定，電梯是直達運行。在繁忙建築中，電梯很可能會做多次短程運作，這就表示，電梯很少有機會能夠加到高速。除此之外，和開、關門讓乘客上下所花費的時間相比，讓電梯加速運行，所能節省的時間相當有限。換句話說，讓電梯加速運行，對整體等候時間的影響極微。

因此，電梯工程師必須尋找更巧妙的方式，來加速搭載乘客。有種解決做法是採用直達電梯，這種方式和火車發車方式大致類似。火車運輸服務結合了都市間快車和短程通勤列車類別，高樓建築的升降系統，則結合運用「短程」和「長程」的電梯。直達電梯可以大幅縮短乘客的平均行進時間，同時，搭載乘客到達目的地的速度愈快，其他乘客等候服務所需耗費時間也就愈短。

這裡再採用我們的九層樓建築，並舉個簡單的例子來幫忙陳述這點。假定這時為早上繁忙時段，因此召喚電梯的乘客全都位於地面層，隨後電梯便搭載乘客，平均散佈到其他所有樓層，接著又回到地面層來接下一批乘客。這裡共有兩台電梯，每台都可以回應召喚前往所有樓層，如同第一個例子，電梯行進通過一個樓層要花五秒鐘，加上在目的樓層卸下乘客所花的時間——假定為十秒鐘，因此每上升一樓就要花十五秒鐘；下降旅程則是每樓層要花五秒鐘，或共為四十秒鐘。因此往返全程要花一百六十秒鐘。

122

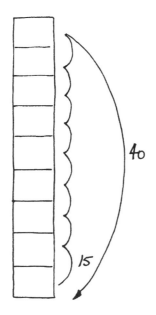

現在就考量另一種狀況。這時第一台電梯只在第一、二、三和第四層樓之間運行，同時，第二台電梯則提供快速服務到五樓，接著因應召喚到六至八樓。

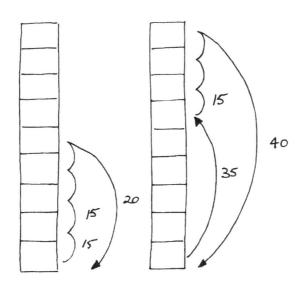

第一台電梯的週期時間等於 $4 \times 15 + 20 = 80$ 秒鐘，第二台則要花 $5 \times 5 + 10 + 3 \times 15 + 40 = 120$ 秒鐘，換句話說，這時兩台電梯的週期長度都比先前更短。

多數高樓建築都運用這種節約做法，部分電梯只在有限樓層範圍內運作，若是建築高度超過五十層樓，通常還會額外規畫電梯大廳，稱為「空中走廊」（sky lobbies）。有些電梯純粹是在大廳之間運行做快速服務，乘客要在大廳改搭短程運送電梯（short-haul），才能前往他們的目的地。

如何估計電梯的停靠次數？

　　不幸的是，光是提供超快電梯還不夠。要製造出最有效的升降系統，工程師就必須能夠預測在建築中通行的人潮可能流量，這樣就可以讓電梯預先就定位等候乘客。人潮流動的模式會改變，會依建築物的功能和早晚時刻產生極大差異。例如：普通旅館在早餐時間，房間樓層和餐廳之間會有大批往來人潮，隨後就有穩定人群從房間流向接待處。

　　辦公大樓的模式就會非常不同，若大樓的不同樓層，分別由許多公司進駐，那裡就會像旅館，人潮大半是在各樓層和地面層之間往來流動。不過，若是有公司進駐超過一個樓層，那麼所佔樓層之間的交通就會比較繁忙。倘若建築物是由單一聘雇單位進駐，例如醫院或公司總部，這時各樓層之間的人潮，便有可能和往來地面層的流動同樣繁忙，因此電梯的使用就會比較頻繁，模式也會較為複雜。

　　建築師在設計大型建築時，經常會使用複雜數學模型，來模擬一天當中重要時段的往來人潮行為。這類模型也總是會納入機率理論的諸般元素，來幫助他們估計電梯要花多久時間輸送乘客。

　　例如：假定你在一棟地上十層大樓，正從大廳

進入電梯中，另外還有五位乘客同時搭乘，電梯要停靠幾次？如果你很倒霉，你要到頂樓，但是其他乘客全都按下和你不同的按鈕，這就表示你這趟冗長的行程總共要停靠六次。當然，你也可能會極幸運，剛好所有人都和你一樣，選擇同一樓層，於是這趟行程就會很快，因為只要停一次。不過，平均而言是介於兩者之間，而且恰好就有項公式可以算出結果。

倘若有 N 人在大廳內進入電梯，而從建築該處往上的樓層數目為 F，那麼電梯的預期停靠次數便為：

$$F - F \cdot \left(\frac{(F-1)}{F} \right)^N \text{次}$$

這是什麼意思？如果有十層樓，而電梯中有六人，則你根據公式便可以預期電梯的停靠次數為：

$$10 - 10 \cdot \left(\frac{9}{10} \right)^6$$
$$= 10 - 5 \cdot 31$$
$$= 4 \cdot 69 \text{次}$$

換句話說，當有六人在十層建築中，則通常電梯的停靠次數就幾乎要等於裡面的乘客人數。不

過，當人數增加，你的預期平均停靠次數就不該增加得那麼快，如果有十人進入同一台電梯中，則計算所得數值為：

$$10 - 10 \cdot \left(\frac{9}{10}\right)^{10}$$
$$= 10 - 3.49$$
$$= 6.51 \text{ 次}$$

| 知 | 識 | 補 | 給 | 站 |

為什麼有些電梯會反方向行進？

國外許多電梯都使用相當簡單的邏輯來運作，而且當你進入這類電梯，偶爾也可能在踏入並選定樓層後，卻發現自己是朝反方向行進。有一類電梯稱為「向下聚集型」，特別容易出現這種狀況，可常常在國外的小型旅館中見到。這類電梯的機廂外常只有單一按鈕，同時系統也預設假定召喚電梯的人是想要向下（在旅館中通常就是如此）。舉例來講，如果你是在五樓按鈕召喚，這時電梯事先因應大廳乘客召喚，正從八樓向下行進，於是機廂便會順道停靠讓你進入，隨後又繼續向下。如果你正好是要到較高樓層，電梯就會擱置你的要求，等完成向下旅程之後再執行。這會產生喜劇演員喜愛的滑稽場面：劇中的羅密歐幾乎一絲不掛，打算到較高樓層去找戀人，他看見電梯無人便踏入搭乘，卻發現自己陷入尷尬處境，就要被載著降到大廳，而底下就有群領老人年金的人，等著要參加耶誕派對。這時他也只能按下緊急停止按鈕，此外就完全束手無策。

　　雖然搭乘人數多了四名，但是電梯的預期停靠次數卻只增加了一、兩次。

　　順帶一提，這種N人在F層建築中的公式，和其他幾種同類數學問題所採用的雷同。例如：用來預測N人團體會出現幾個不同生日的公式，就與此一模一樣。就此例而言，F始終都為365，也就是可出現的生日總數（閏年不計）。

　　這種「F和N」公式是以幾個假設為基礎，特別是每層樓或每個生日，被選中的機會都完全一致。由於這在真實世界中不見得完全為真，因此這只是種逼近公式，不過還相當可靠。

電梯為什麼不理你？

　　驅動電梯的邏輯日漸成熟，不只能夠縮短等候時間，還能避免電梯做出某些舉止，以免讓人覺得這種機器似乎太有主見。

　　這類行為不只一樁，例如：有些電梯似乎會拂逆乘客的要求並反方向行進（詳見前一則「知識補給站」）；另一種行為也令人挫折，有時電梯對乘客似乎視若無睹，乾脆過站不停。早期型式的電梯，會發生這種問題的原因是由於功能不足，那種電梯一次只能處理一個指令，在這趟負載運輸完成前，電梯一概不理會其他召喚。

129

至於較近代的型式，若是發覺電梯不理會召喚時，最可能的原因便是顧客要求向下，而過站的電梯則正在向上運行，不過，也可能是電梯已經客滿。多數現代電梯都有重量感測器，滿載的電梯並不會停靠並搭載其他乘客，這就像是公車客滿時，會呼嘯通過擁擠的候車亭一般。當然，電梯和公車的主要差異是，至少乘客可以看到公車客滿，而電梯通常不會安裝指示器，來傳遞這項資訊。

然而，就算是最先進的電梯所採用的高度精密邏輯，還是會誘發不同類形的行為舉止，有些在旁觀者眼中，會顯得並不合理。

例如：想像你是在某建築的地下三層，那裡有兩台電梯。指示器顯示電梯都位於上方樓層，一台是在地面層，另一台則是在三樓。你召喚電梯，並注意到下來接你的，竟然是停在三樓、兩倍距離之外的那台。為什麼不是由地面層那台電梯來接你？答案是「智慧型」電梯的程式規畫，通常都略為偏好在地面層逗留，因為多數乘客都在那裡搭乘。或許智慧型電梯算出，這時值得從較遠處調派電梯來接你，這樣一來，就可以保留一台電梯在地面層待命，因為隨時都可能有一批乘客蒞臨。因此為了顧全大局，便（稍微）把你給犧牲了。

這裡另外提出一種可能的犧牲狀況。有一台智慧型電梯試圖讓等候平均時間和最長時間都維持低平。六樓有位乘客召喚電梯，結果卻讓人洩氣，因為電梯過站不停，到九樓去接其他人。其中原因或

許是，這台智慧型現代電梯知道，九樓的人已經等候一分鐘了，因此這是最高優先。由於九樓有緊急狀況，因此電梯自行盤算，六樓的你還可以多等幾秒鐘。換句話說，就算是最複雜、合邏輯的系統，有時也會令人失望，無法滿足我們人類偶發的無理衝動慾望。而且，當電梯的服務速度愈來愈高時，我們的要求也似乎愈來愈苛。就算目前還沒有浮現，恐怕不久之後，就會有「電梯肆虐」的報導登上新聞頭條。

| 知 | 識 | 補 | 給 | 站 |

慢速電梯讓乘客更滿意？

　　本章有個基礎假設，那就是必須縮短等候電梯的時間，然而，這只有當民眾等候時會感到挫折才成立。如果民眾等候時並不覺得無聊，那麼他們就比較不會去在意要花多久來等電梯的事情。根據一項辦公室傳言，有家生產慢速電梯的公司，為了迴避這個缺點，於是在電梯外側安裝鏡子。這並不會改變服務速率，不過乘客會利用等候時間，來梳理頭髮或整飾儀容。結果，乘客滿意度飆升！如果這個故事是真的，那麼生產經理就該獲頒獎章，這項措施節約了電梯的鉅額工程費用。

131

第7章

一條線有多長？

　　二十世紀早期發現，葡萄牙和西班牙所公佈的兩國疆界長度有別，這可不是因為兩國有邊界糾紛，而是他們所引用的測量法有天壤之別的緣故。這種落差相當常見，多瑙河有多長？一條線又該有多長？為什麼採不同測量法會產生這麼大的差異？此外，有關蜿蜒河川的形狀，還有個重要現象，河川的迂迴造形，在地圖上看來都大體雷同，就像是鋸齒細線，當你把這類圖案放大，就會繼續呈現類似圖案，只是尺度愈來愈小，這種模式有個專屬名稱，也就是所謂的「碎形」……

【有趣的謎題】

● 多瑙河有多長？

●「一條線有多長？」有幾種不同答案？

● 碎形是什麼？能產生哪些奇妙的圖像？

● 數字中也藏有驚人的碎形？

● 碎形如何讓網路圖片傳遞更快？

● 學會碎形，有可能大賺一票？

● 邊界無限長，面積也會無限大嗎？

多瑙河有多長？

下面有兩條線，其中哪條比較長？

A ————————————————

B ～～～～～～～～～～

你對了，這個問題很詐。

答案是 B。這兩條可不是尋常的線，A 線完全筆直，至於 B 線，若是用放大鏡來看就會像這樣：

事實上，B 線是由細小鋸齒折線所構成，實際長度為乍看結果的兩倍。不過，這還不止於此，把鋸齒部分再放大，看來就會像這樣：

這就表示，事實上 B 線長度還要再加倍。其實，這條線的每段彎曲部分，本身也是呈鋸齒狀，這會讓那段直線的長度加倍。

135

結果還發現，這會繼續發生、永無止境。這就表示，這條線的長度可以不斷加倍，延展到各種長度，這就要看你是放大到什麼程度，還有你是用哪種量尺，而且最高還可達無限長度。一條線有多長？這似乎可以如你所願，達到任意長度。

從理論探討無限長度的細線或許很有趣，不過，這在真實世界確實也有重要用途。

二十世紀早期發現，葡萄牙和西班牙所公佈的兩國疆界長度有別。這可不是因為兩國有邊界糾紛。兩國邊境大半是沿著各處河谷蜿蜒，他們也都很滿意這種迂迴形狀。然而，他們在工具書中所引用的測量法，彼此卻有天壤之別。根據葡萄牙的做法，國界長度為 1,214 公里，而西班牙則宣稱國界

為987公里。

這種落差相當常見。多瑙河有多長？這要看你是參考哪本工具書，河川長度可能為2,850公里（引自《大英百科全書》）、2,706公里（引自《皮爾斯百科全書》）或2,780公里（引自網際網路某出處），或許你的工具書還會列出不同的結果。

為什麼採不同測量法會產生這麼大的差異？就此而言，答案是河川或海岸線的長度，要看你所用的地圖精確度而定。當你放大線條，倍數愈高，你所看到的灣流轉折就愈多，而且每段彎道都還有更小的其他彎道。非常詳盡的勘測用地圖，就比道路圖等地圖精密，可以呈現的轉折就要多得多。這可以讓直線的長度出現大幅的落差，就如以下鋸齒狀線段所示。

136

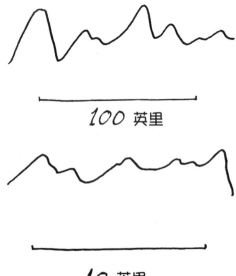

100 英里

10 英里

| 知 | 識 | 補 | 給 | 站 |

「一條線有多長？」有幾種不同答案？

　　測量線長時，通常就是把線拉直，並測量兩端之間的距離。然而，如果是要測量真正的長度，那麼你就必須拿尺沿著邊緣測量，因為就算把線拉緊，邊緣也不是完全筆直。你測出的答案，就要看你所用的量尺有多精確而定。這就猶如河川長度，也要看地圖比例尺而定。因此，針對「一條線有多長？」的問題，有一項答案就是：「這要看你是使用哪種量尺而定」。此外還有更好玩的答案，其中最常見的是：「從中點到一端之距離的兩倍」。

碎形是什麼？能產生哪些奇妙的圖像？

　　有關蜿蜒河川的形狀，還有個重要現象。河川的迂迴造形，在1:10000和1:100不同比例尺的地圖上，看來都大體雷同。這就像是鋸齒細線，不管放大到多高的倍率，直線都會顯現完全一致的鋸齒造形。

　　當你把這類圖案放大，就會繼續呈現類似圖案，只是尺寸愈來愈小。這種模式有個專屬名稱，也就是所謂的「碎形」（fractals）。碎形和「俄羅斯娃娃」沒有兩樣，當你打開巨大娃娃，就會露出同形式的較小娃娃，而且裡面還有個一模一樣，只是更小的娃娃……並以此類推。

　　大自然中到處都是碎形的造形，當然類似碎形者也四處可見。有種常被引用的例子就是蕨葉，好比歐洲蕨，大葉是由和本身幾乎一模一樣的葉片所構成：

另一個例子是青花菜。你拿起大顆青花菜，就會看到這是由幾個分支所構成。切下一個分支，這也是顆一模一樣的青花菜，只是尺寸較小，這顆也是由分支所構成，其各個分支也都構成一顆迷你青花菜。通常你可以這樣做四次，最後就會切出許多可愛的小青花菜寶寶。

這麼複雜的造形，可以用相當簡單的定則來產生，這裡就是其中一項定則，你可以用來畫出樹狀造形：

先畫出一條垂線（一根主支），長度爲L：

添加分支的定則如下：

在主支 $\frac{1}{3}$ 處，沿兩側各增添分支，長度爲 $\frac{1}{2}$ L，夾角爲30度。

在主支 $\frac{2}{3}$ 處，沿兩側各增添分支，長度爲 $\frac{1}{3}$ L，夾角爲30度。

完成一輪之後的造形如下：

現在，針對各個新分支運用同一套定則，接著又運用在所產生的各個分支上，結果就產生酷似樹木的造形：

這個例子顯示，只要反覆遵循系列的簡單定則，就可以產生碎形造形。但是，看似隨機的序列，卻也會產生碎形造形，這就讓碎形顯得更為深奧。這裡就提出一種奇怪的小遊戲，底下有個三角形，各角標示為A、B、C，遊戲目標是要在三角形中填入黑點。

首先在三角形範圍內隨機選定一點，例如點在X處，當然也可以隨喜好任選一點。

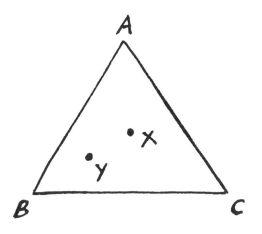

當你決定要在哪裡擺放第二點之時，必須從A、B、C三個角中，隨機選出一個。你也可以擲骰子來決定，數字1和2都代表A，3和4都代表B，而5和6則代表C。假定你是選出B，就必須把下一個點畫在你現有的X點位置和B的正中間，前面三角形的Y就是第二點，再擲一次骰子，來決定Y之後的黑點位置。

這個過程要盡可能多做幾次，而且標繪時要努力做得精確。經過二十或三十次之後，你畫出的黑

點，就會開始浮現某種模式，而且你做得愈久，影像就會變得愈加清晰。驚人的是，這種模式並不是完全隨機，反而會呈現一系列套疊三角圖案，而且是愈來愈小。這種圖案就稱為「希爾賓斯基船帆」（Sierpinski gasket），同時這也是種碎形造形，不管你放大到什麼程度，都會發現許多相同的倒三角形圖案。

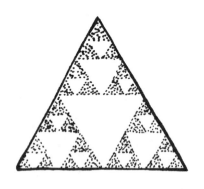

這種圖案是標繪黑點所產生，表面上卻是種隨機過程。但是，另外還有種迴異做法，也可以產生相同的圖案，而且其過程完全不屬於隨機型式。畫出一個等邊三角形，在中央畫個上下顛倒的三角形並塗黑，如圖所示：

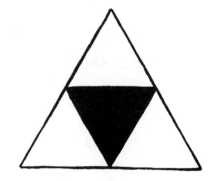

接著就剩下的三個白色三角形做相同動作。針對你畫出的較小白色三角形，全部反覆相同的過程，結果也會再次畫出希爾賓斯基船帆。

反覆遵循定則和看似隨機現象的這種關連，就是許多種碎形的重要特徵，這不只適用於造形，也可以運用在數字上。

143

數字中也藏有驚人的碎形？

數字模式中有碎形到底是什麼意思？至此我們談到的碎形實例，從河川到青花菜，全都可以用圖形顯示，而且採用圖示也最能看出數字模式中所含的碎形，最常見的數字圖示做法就是標繪曲線圖。

如果你希望了解碎形數學的實際用途，那就該跳過這一大段，直接進入下一個部分。不過換個花樣也很有趣，可以暫時擺脫日常生活，看看代數和碎形是如何產生密切關連。

在我們產生碎形圖像之前，首先要產生一些數字，隨後就拿來代入。數學公式有多種用法，可以產生碎形造形，其中有些極為複雜。底下就要介紹一種極單純的做法，或許你甚至會覺得有些繁瑣，不過很值得把它做完，這樣才能夠欣賞最後所產生的驚人圖案。

要描繪碎形，我們便需要產生數字，先把數字送入處理盒，接著再把遠端的輸出結果，回饋送入處理盒，這就稱為「迭代函數」（iterative function）。

起始數字 D → $D \times (1-D)$ → 新數值 D

選出介於0與1之間的任意小數並送入處理盒。例如：D的起始數值可為0.6，產生新D值的做法是，把D的現值乘上（1－D），其結果等於0.6×0.4＝0.24。

現在把D的這項新數值，回饋送入處理盒，這就可以產生下一個D值：0.24×（1－0.24）＝0.1824。反覆這個循環，經過幾次，D就會迅速向零衰減，事實上，不管你是從哪個D值開始，都會發生這個現象。至此還沒有什麼刺激的，不過，只要在系統內另外添加一個處理盒（K），狀況就會變得有趣多了。

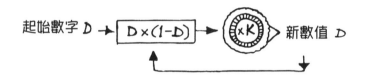

起始數字 D → D×(1－D) → ×K → 新數值 D

K就像系統中的控制鈕，接著我們就看，當K提高時，D值的解會有何變化。

我們已經知道，如果K等於1，則D總是會向零衰減。假設將K值改為2，這回你的起始值也和最初一樣等於0.6。

145

第一次通過系統：

$$0.6 \times 0.4 \times 2 = 0.48\ldots$$

……將此數回饋送入並通過產生……

$$\ldots 0.48 \times 0.52 \times 2 = 0.4992\ldots$$

……將此數回饋送入產生……

$$\ldots 0.4992 \times 0.5008 \times 2 = 0.49999\ldots$$

只需通過系統三輪，狀況已經明朗，最後 D 就會變成 0.5。更特別的是，只要 K 等於 2，那麼不管你的起始 D 值為何，只要是介於 0 和 1 之間，最後結果都會變為 0.5，而且改變速度還非常快。稍後再來深入討論，或許你會想要先選擇另一個起始 D 值來試試看，若是手頭有個口袋型計算機就會方便的多。

若 K 等於 2.5 會有何現象？不管你的起始 D 值為何，最後總是要變為 0.6。不過，如果 K 等於 3，就會出現奇特現象，最後 D 會開始在 0.669 和 0.664 兩個數值之間擺盪。這究竟是怎麼回事？實在非常神祕，而且這還才剛開始。

當 K 等於 3.47，最後 D 就總是在 0.835、0.479、0.866 和 0.403 四個數值之間週期循環。照這樣下去，當 K 小幅遞增，D 的週期循環最終數值都要加倍，而且循環次數也會迅速提高。最初 D 會在八個數值之間擺盪，接著是十六個、三十二個等等。這種倍增過程稱為「分枝」（bifurcation），最後，當 K 值接近 4 之時，似乎就完全沒有週期循

環。D值只是採一種看似隨機的方式，在兩數值之間跳躍，並永遠不會固定於一值。

K值	最後算出的D值
1	0
2	0.5
2.5	0.6
3	在0.669和0.664之間擺盪
3.47	在0.835、0.479、0.866和0.403之間擺盪
接近4	「報告船長，有人在搞鬼！」

至此終於有些數字可以用來標繪成圖。不過，若是要產生精確圖示，你就必須檢視介於1和4之間的所有K值。這是由於在明顯隨機的範圍之間，偶爾也會夾雜狹窄區域，其中擺盪的數值會再次衰減變小，例如：若K採3.74時，便會在五個數值之間擺盪。

本圖就是根據完整圖示繪製的圖像：

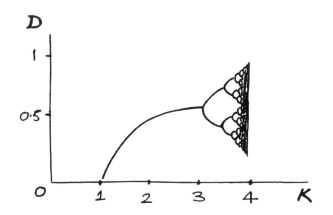

圖示線條代表D的最終值。請注意，當K值提高到3之時，單一線條就突然分歧構成兩條線，而

且隨後還會繼續分歧。

那麼碎形在哪裡？只要將本圖任何部分放大瞧
個仔細，你就會發現，那全都是由多組微小的相同
複雜圖案所構成。

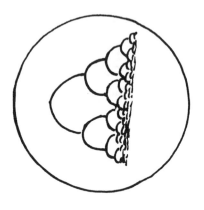

所以，把 D 和 1－D 相乘這種簡單的動作，就
能產生出相當驚人的錯綜碎形。

碎形如何讓網路圖片傳遞更快？

現在你已經知道，數學公式可以產生碎形。或許還有個小問題揮之不去：「這的確是非常漂亮，不過又有什麼用？」碎形幾何已經在真實世界，找到至少一種實際用途，這個課題已經在網際網路發揮影響，可以加速圖形傳輸。

如果你習慣從網路下載圖片，你就很清楚這實在是慢得痛苦。由於圖片內含有龐大的資訊，而傳輸每個像素細節，結合組成圖片，就可能要佔掉好幾百個千位元組（kilobytes），若想減少所佔空間，就必須讓程式更聰明。我們已經看到，數學方程式或定則可以產生複雜的影像。那麼有沒有辦法將白金漢宮和湯姆‧克魯斯也簡化為公式？畢竟，公式所佔用的空間，會遠低於圖片完整細節的大小，這並沒有太過誇張，實際上也已經辦到這點。

149

回頭看第140頁的那顆樹，我們可以一點一點描繪，慢慢複製這幅圖片。不過，只要看清大圖片的構造，就可以想出更快的做法，其實只要把其中一根較小分支複製多次就能成形。重建這幅圖像時，你只需要部分片段並提供指令，指定要在哪裡複製，這樣就能產生完整圖像。

更複雜的圖片也是採取完全相同的原則。其實，所有公開發表的圖像，全都是由細小有色的圖點所構成，你從報紙上的照片，最能看清這個現象。湯姆・克魯斯的粗略圖像可以用大型帶色圖點來產生，精緻圖像則是用細小圖點，只要你花充分時間搜尋就可以發現，粗略圖像裡的圖案，都可以在精緻圖像的細小片段中找到。例如：湯姆・克魯斯粗略圖像中的鼻子部分，很可能和他的精緻圖像耳垂部分的細小片段一模一樣。

只要在圖像中四處搜尋，就有可能找到密切吻合之處，每片大範圍區域，全都和某細小片段兩相對應。只要有妥善指令（例如「旋轉四十五度並縮小為十分之一」），並經過幾次迭代，就可以運用粗略圖像，來重建出品質遠勝於原圖的最終圖像。這個過程必須用到極端複雜的數學和運算作業，前面所述只不過是吉光片羽，不過最終結果卻讓發明這個主意的人，全都賺進大筆財富。

學會碎形，有可能大賺一票？

另外還有個領域，只要了解碎形的數學背景，就可能賺到更大筆財富。

如果你是某公司的股東，或許就會對「道瓊指數」（Dow Jones Index）或「倫敦金融時報百種股票交易指數」（FTSE100）感到興趣。指數經常上下起伏，每天、每週、每年都是如此。預測股價動向來有利可圖——當然你要能正確預測——也難怪倫敦金融分析業要投入好幾百萬甚至千萬資金，試圖發展能預測股價漲跌的做法。不過，問題是多數預報人員，似乎都只在事後才能提出中肯見解，如果只是針對過去，是有可能產生理想模型精確模擬。不過，用模型來推斷預測未來，通常其結果就幾乎不會比在紙上隨機插針更準確。（幾年前就發生過這類現象，情節非常可信。一群經濟學家和一群家庭主婦面對挑戰，要根據過去五年的圖表，來預測來年的經濟成長。經濟學家組使用複雜數學模型，家庭主婦組則是畫線標出最合理的結果，最後是家庭主婦組獲勝。）

有關股票和股份的問題是，儘管從長期來看，其趨勢似乎相當穩定，短期動態卻始終要呈現隨機

151

現象。不過，由於對碎形的興趣加深，促使分析師
重新審視股價的變動模式。股價變動模式就像蜿蜒
河川，也有跡象顯示其中帶了碎形型式。

請看某檔股票在一年期間的價格走勢：

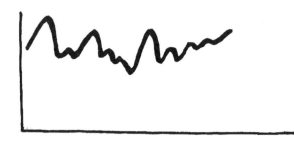

下面是同一檔股票在一週較短期間所見的價格
走勢：

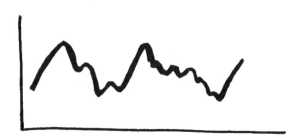

下面是在一天期間，衡量同檔股票的價格圖
示：

這些圖形全都非常類似。看來就像是我們把碎形線放大的結果。

但是，觀察模式是一回事，要使用模式就相當不同了。知道了股價是種碎形，你是否就更能預測，某檔股票在一年期間的變動情況？如果股價圖真的是種碎形，那麼或許就有辦法據此構思公式。有些分析師曾經暗示這有可能實現，不過，至今我們還沒聽說有任何人發表這類公式。當然，如果真的有辦法用碎形來預測股價，那麼建立公式的人，肯定就會希望能夠保密不宣。

本章提到幾種看似隨機的事件，股價起伏只是

| 知 | 識 | 補 | 給 | 站 |

邊界無限長，
面積也會無限大嗎？

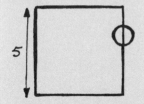

正方形的邊

朝下鋸齒的面積
＝朝上鋸齒的面積

圖示為5×5的正方形，其周邊環繞長度無限的碎形鋸齒線，蜿蜒曲折就像是本章開頭的細線。然而，正方形的面積卻並非無窮大，每有一片「朝下」的鋸齒，面積就要略減。不過，這時都會有一片面積相等的「朝上」鋸齒來彌補損失，因此其面積就等於25平方公分。顯然地，這裡就有矛盾：「就算某造形的周邊長度無窮，其面積還是可能有限。」

其中一例。另外兩例則是河川蜿蜒起伏，以及簡單
數值函數所產生的擺盪現象。這種和碎形有關的隨
機性有個專門術語，稱為「混沌」（chaos），混沌
課題有資格另立專章來討論。

▶第8章

為什麼天氣預報
會出錯？

‧‧

　　或許你曾想過，天氣相關資料這麼多，如今預報員們應該早已掌握竅門才是，那麼，為什麼天氣預報有時候還是會錯得離譜？答案並不是來自天上，而要從撞球檯開始尋覓。撞球一開始時，推撞色球後的結果與「混沌理論」有極大關係，同樣的，板球比賽與擲骰子結果，以及鐘擺玩具的運動方向都與混沌有關。艾德華‧羅倫茲（Edward Lorenz）便曾宣稱，在恰當狀況下，像是蝴蝶拍翅這種細小微擾，就有可能促成連鎖事件，隨後並在佛羅里達州生成颶風。同樣地，遺失一根釘子，也可能要讓喬治‧華盛頓的部隊敗亡，所以，天氣預報老是出錯似乎也有跡可循了……

‧‧

【有趣的謎題】

● 撞球開球時，要靠技術還是靠運氣？

● 為什麼球員變強了，比賽卻輸了？

● 鐘擺玩具可以預測結果嗎？

● 電腦如何模擬擲骰子的隨機結果？

● 為什麼蝴蝶一拍翅，佛羅里達就颳颶風？

撞球開球時，要靠技術還是靠運氣？

　　常有人說，大部分的國家都有「氣候」
（climates，意指某區域的氣候，例如：大陸型氣候、地中海型氣候等），而英國卻只有「天氣」
（weather）。倘若有個短期天氣衡量指標，來評比晴雨更迭、氣流起伏和氣溫升降的變異程度，那麼不列顛群島肯定能獨占鰲頭。為什麼英國人聊天時最常談到天氣，這也是原因之一，因此，每天的新聞內容才會把天氣預報當成重點，而且在英國的天氣預報收視率也才會凌駕其他國家。

　　不過，或許你會思索，天氣相關資料這麼多，如今預報員們應該早已掌握竅門才是，那麼，為什麼天氣預報有時候還是會錯得離譜？答案並不是來自天上，而要從撞球檯開始尋覓。

　　或許你知道撞球一般的開球法：先把白球擺在球檯一端，接著拿球桿全力推撞，讓白球撞擊球檯另一端的三角球陣，即可將條紋球和斑點球碰散。撞球在球檯上看似隨機四散分布，但這時如果你夠幸運，就會有一、兩顆球率先落入球袋。

　　除了要讓白球和色球產生像樣的撞擊之外，開球一擊幾乎完全不需要技術。也就是說，沒有人有

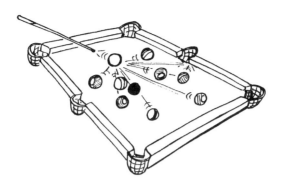

把握能夠預測，這群撞球的最後位置。就算你嘗試以相同力量，朝一致方向推撞白球，每次的結果都會不同，因為，只要推撞白球的方式或三角球陣的排法，出現最細微的改變，都會造成不同的結果。

　　撞球比賽剛開始時，色球是以「混沌」（chaos）形式分布，這樣講似乎還算合理，其實，數學界也正是用混沌一詞來描述這種現象。由於這門科學尚在草創階段，因此數學界對此也還有點含糊，不確定該如何來定義混沌，不過目前已經有些定義出來，其中某些部分還極為複雜。但是，大多數的學者都同意，混沌學中有一個基礎主題：「如果讓某事物在起始時出現最微小的變化，接著便會造成無從預測的迴異後果，那麼該事物便屬於混沌形式。」[1]

註[1] 混沌是經過二十世紀才確立的一種複雜運動形式，其研究屬於非線性動力學，當初起源於多種自然科學，例如：天體動力學、普通力學、氣象學、電子工程學等等；而數學混沌則是數學上的新發現，並非自然科學的新發現，混沌是數學模型中存在的一種理想化運動形式。

很小的錯誤會導致極嚴重的後果，這種作用早就為人所知，以下這段著名語錄便出自參與建立美國的政治家班傑明‧富蘭克林（Benjamin Franklin）：

就因少了一根釘，蹄鐵完了；

就因少了馬蹄鐵，馬兒完了；

接著就因少了一匹馬，騎士完了；

被敵人趕上還被打垮，

全因沒有釘好馬蹄鐵上一根釘。

有些戰鬥是否由於枝微末節的影響，好比馬蹄鐵少了一根釘而完全改觀？是否隨後還因此改變了整個歷史進程？許多人都引經據典說明確有其事。

大多數人與戰鬥有關的經驗可能來自於團隊競賽，我們大家都知道這就好比戰爭，運動競爭結果也可能完全寄託於一件小事，例如：某位選手被登記禁賽，或者某一球反彈角度恰好誤事。不過，若是那次關鍵事件是反向發生，那麼事情就難以逆料了。評論員有時會說：「最後比數為一比零，不過照理講應該是三比零才對，因為有兩次機會沒有好好掌握……」事實上，他們錯了！如果掌握第一次機會射門成功，而不是射中門柱，儘管當時比數應該為二比零，但是根據混沌理論，往後還會出現什麼狀況可是無從預測的。不過這樣一來，領先的隊伍就會士氣大振，由於此後的互動和戰術都可能不同，或許最後就會以五比一獲勝，或二比二平手，或幾乎是任何一種結果。

為什麼球員變強了，比賽卻輸了？

　　運動比賽有可能呈現混沌式傾向，也就是起始狀況的細微變化，會讓結果產生無從逆料的大改變。有種模擬板球比賽的電腦遊戲程式，或許可以成為這種現象的最佳明證。這套軟體是戈登‧文斯（Gordon Vince）在 1980 年代所寫成，你可以任選兩支隊伍，輸入隊名等細節，接著就可以讓兩隊完成全套板球比賽。事實上，這套程式是一種名為「出局！」（Howzat）的骰子遊戲的延伸版本，這種遊戲在電腦時代之前許久，就已經很流行。

　　比賽的所有事件都是以隨機方式運作，這種做法就相當於用電腦擲骰子來決定所有事件。例如：擊球手面對任何一球，都有可能跑壘得分，也可能出局，也或許什麼事情都沒有（板球賽常見這種狀況）。這套程式極為寫實，投手經過長時間投球也會「疲累」，於是表現就會變差，擊球手的個人得分接近 100 之時也會「緊張」，於是出局機率就會提高。這套程式會完整印出比賽過程，顯示每一球的結果，而且輸出的資料也很逼真，會讓人相信那就是真正比賽的過程。

　　若想讓這套程式產生一次比賽，你必須輸入兩

支隊伍的細部資料，包括每位選手的實力係數，你還要輸入一個「種子數值」（seed number），作為隨機數產生機。事實上種子數值就是決定因素，會影響將來比賽時，每次擲骰子所產生的結果。不同的種子數值，會促成迥異的比賽過程。

162

我們用這套程式，模擬了「英格蘭」和「西印度群島」兩支隊伍的對壘過程，那是一次實驗，目的是要了解，我們能夠預測結果到什麼程度。先輸入兩隊的細部規格，其中每位擊球手各有一個實力係數，數值介於5和40之間，這個實力係數可以決定，擊球手很可能會得到許多分，或者完全不能得分；接著輸入種子數值為444，則比賽得分如下：

西印度群島隊第一局：193
英格蘭隊第一局：162
西印度群島隊第二局：253
英格蘭隊第二局：187

　　稍事累加，很快就可以證實西印度群島隊得分較高，在這場比賽擊敗英格蘭隊，實際算出西印度群島隊領先97分獲勝。

　　接著又用相同種子數值再比賽一次，選手細節資料也完全一致，不過有一點不同，西印度群島隊有位擊球手的「實力係數」不同，從原來的23提高到25。由於這位擊球手的打擊實力提高，這次西印度群島隊的整體實力，也比上回略高，其他一切不變。結果，或許你會預期，西印度群島隊也在這次比賽獲勝，而且超前更多。然而，重新比賽的結果卻如下所示：

西印度群島隊第一局：244
英格蘭隊第一局：525
西印度群島隊第二局：332
英格蘭隊第二局：52（提前獲勝）

　　儘管西印度群島隊的實力已經比上回提高了，他們的實際表現卻退步了，而這次英格蘭的表現則有長足進步。事實上，用板球運動的講法，英格蘭隊在這次比賽，以進十次球門獲勝──這個例子並不罕見。調整任何起始係數，有時只需要非常小幅度變化，就可能對最後結果產生類似這種極大幅度衝擊。

　　為什麼會這樣？假定這位擊球手在某次上場擊球時得分，是由於實力提高所致，否則他原本應該不能得分。但他的得分接下來造成他的隊友就得面

對投手，也由於隊友的擊球風格不同，於是下一球便出現不同結果，例如可能會因此出局。這所導致的連鎖反應事件，使得比賽愈益偏離原有走向，最後就會變得和前世化身完全兩樣。

這套系統的舉止帶了混沌風格，不管對比賽的了解是多麼淵博，沒有任何專家可以預測這種結果。最後他們反而都要灰頭土臉，喃喃道出許多運動項目都會用上的老調：「這場比賽也實在是古怪！」

鐘擺玩具可以預測結果嗎？

　　另有種相當不同的情況，也可以顯示起始點的細微變異，最後卻造成很大的變化。這是一種在主管桌上很常見、類似鐘擺的玩具——「擺磁球」（pendulum-magnet）。它是種迷人的裝置，鋼座上安裝一個擺，並掛了一個球珠，球底側有一塊磁鐵；另外在底座上也裝了三塊磁鐵，其安排方式恰可以分別吸引磁球。

　　先把球珠推到一側，接著鬆手開始擺動。如果沒有磁鐵，球珠就只會前後擺盪，不過，由於磁鐵會分別吸引球珠，因此球珠便會四處擺盪，有時還會猛然轉向，最後終於靜止停在其中某塊磁鐵上

165

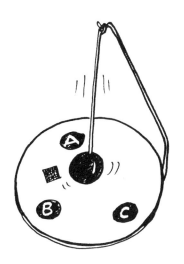

方。接下來我們就按圖例把這三塊磁鐵稱爲A、B和C。

底座的三塊磁鐵排成三角形，這樣一來，每次球珠就會停在不同磁鐵上方，每塊約各佔了三分之一次數，但是，這和本章開頭所介紹的撞球同樣難以逆料。事實證明，就某特定回合而言，鬆手釋放球珠之後，就很難做出預測，完全沒有把握最後會停在哪塊磁鐵附近。這次球珠會停在A磁鐵上，到了下一次，儘管是在相同位置放手，球珠卻是停在B磁鐵上方。

等到數學界能夠用電腦來模擬鐘擺，對這種不

| 知 | 識 | 補 | 給 | 站 |

電腦如何模擬擲骰子的隨機結果？

　大半電腦遊戲程式都必須由電腦做些「隨機」（random）事項。因此，所有電腦都必須能夠按照指令，產生不可預測的數值，這就類似擲骰子產生的結果。講起來很簡單，實際上卻並不容易，因為電腦的根本特性，就是要遵循定則並必須能夠預測。

　儘管電腦不能產生真正的隨機數值，所有電腦卻都包含一項公式，會產生出「虛擬隨機」數值，雖然這類數值表面上看來是隨機，其實卻是經由嚴謹運算序列所產生。目前已經有好幾百種方法可以產生這類序列，許多都必須有初始種子數值才能開始運作。這個種子數可以由使用者輸入，也可以取自電腦時鐘（例如：時鐘在按鍵瞬間所顯示的秒數）。

可預測性才有更深刻的理解。由於其中所牽涉的度量和作用力，全都是已知因素，於是這種現象便相當明確且很容易寫出電腦模型。目前也的確已經成真，可以描繪出球珠的完整路徑，並一直畫到最後的落點，這樣一來，就可以從指定的起始點，算出球珠的最後位置。

　　結果令人吃驚！假設你在方形網格中標出球珠的幾個可能起始位置，接著只要你在網格中，分別從各方格的中心點放開球珠，那麼你就能夠算出，球珠最後會停在三塊磁鐵中的哪一塊上。底下就是部分網格的可能結果：

隨機性很難定義，不過有種常用的隨機性檢定法，可以用來判定：(a)數列裡的所有數值，出現次數看來都約略相等；或是(b)出現的數值並不依循任何可預測模式。我們用一個數列「1, 2, 3, 4, 5, 6, 7, 8, 9, 0」試試，它可通過第一項隨機性檢定，卻通不過第二項；再舉一個數列「5, 8, 3, 1, 4, 5, 9, 4, 3, 7, 0」，看來能同時通過兩項檢定——至少乍看是如此。不過這卻只算是虛擬隨機的，因為這數列實際上是運用一項簡單定則產生的。你能看出是哪項定則嗎？

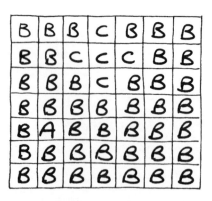

B	B	A	A	A	A
B	B	B	A	A	A
B	**B**	B	A	A	C
B	B	B	B	A	C
B	B	B	B	A	C
B	B	B	B	B	C

如果球珠是從左側區域的任意位置放手，看來最後就絕對會停在 B 上，而上側的中央區或右側區，就似乎是屬於「A」區。

但是，如果你把框格標出的 B 方格放大，接著又細分為較小的方格，那麼裡面就會呈現全新的複雜情況：

B	B	B	C	B	B	B
B	B	C	C	C	B	B
B	B	B	C	B	B	B
B	B	B	B	B	B	B
B	A	B	B	B	B	B
B	B	B	B	B	B	B
B	B	B	B	B	B	B

其結果便是，固然當你從這個方格中央鬆手，球珠便會停在 B 上，從附近的方格，卻有可能導出其他的最後位置。在這個原本屬於「B」的方格中，還蘊涵了一群 C 和單獨一個 A。接著再從這些

方格中擇一放大，還會顯現另一組由Ａ、Ｂ和Ｃ所組成的圖案，這同樣很漂亮，卻也是不可預測。不管你放大到什麼程度，都會浮現新穎的圖案，也難怪球珠在起始位置的細微誤差，最後就會偏離你的預測結果，停在另一塊磁鐵上方。

請注意，並非所有區域都會產生這類混沌結果，總會有部分穩定地帶，其中的最後落點都始終一致，全都落於Ａ、Ｂ或Ｃ上。你也可以把這些區域稱為可預測區，其他地區，好比前面所描述者，就都是混沌區。

只要你讀了前一章，就會看出各混沌區中的Ａ、Ｂ和Ｃ不斷變化的模式，全都具有相仿風格。事實上，碎形和混沌彼此有密切關連，也因此二者才都有辦法滲入對方的章節篇幅。

169

為什麼蝴蝶一拍翅，佛羅里達就颳颱風？

撞球、遺失的釘子和鐘擺玩具包含了充分的類比特性，可供我們解釋天氣預報碰到的問題。天氣和鐘擺玩具一樣，也是由各種簡單的作用力所綜合產生。就以天氣為例，這些作用力主要是肇因於太陽的熱量和地球的自轉現象，這些作用力的很小變化，在某些狀況下，卻能對天氣產生龐大的衝擊。

事實上，在混沌研究的最早期階段，有一位名叫愛德華‧羅倫茲（Edward Lorenz）的研究人員，試圖用模型來解釋天氣型態的發展方式，結果就這樣發現了一種混沌現象。他用電腦設計出一種相當簡單的模型，並設定一些起始狀況，來模擬天氣系統的演變過程，接著，電腦便產生大疊報表，列出許多數字，顯示天氣型態的各種變化。

有次羅倫茲想要重跑模擬程式，處理到一半時，他希望節省時間，於是複製全套數字當作起始值。結果卻讓他詫異，儘管他是原數照抄，且精確到小數點以下好幾位，天氣預報卻依舊出現變化。

最後發現，電腦先前所印出的數值，由於四捨五入運算而出現誤差。例如：列印數值為 17.427，實際上在電腦的記憶體中，卻是等於 17.42719163，

170

這項細微誤差，就足夠讓一週天氣預報結果，產生極大幅度的變化。這正是混沌的作用，也就是由簡單系統所產生的極複雜、又不可預測的模式。羅倫茲觀察有成，隨後他便宣稱，在恰當狀況下，像是蝴蝶拍翅這種細小微擾，就有可能促成連鎖事件，隨後並在佛羅里達州生成颶風。同樣地，遺失一根釘子，也可能要讓喬治‧華盛頓的部隊敗亡。

171

所幸，儘管起始狀況的細小變化，有可能造成不可預測的後果，到最後，整體天氣型態通常還是會遵循我們相當熟悉的運作途徑。只要採用略為不同的起始狀況，多做幾次模擬，預報員就可以看出，最後可能會產生出哪種天氣，所產生的結果通常都彼此雷同，這指出天氣是位於可預測區中。不過，偶爾起始狀況的很小變化，也會跑出各式各樣的不同天氣預報，這時，天氣便進入了混沌區。預測時段愈長遠，就愈可能達到混沌點，再往後，預測正確性就不會比猜測好多少，為什麼英國的天氣

預報很少超過五天，這也是原因之一。

　　還有，不管預報模型怎樣講，結果也始終可能令人跌破眼鏡。天氣預報員麥可・費許（Michael Fish）會永遠留名青史，他在一九八七年十月，公開向一位觀眾保證，颶風不會在當晚抵達。二十四小時後，英格蘭南部被記憶中的最大風暴夷平。

　　碰到這種狀況，運動評論員就完全知道該怎麼說：「這種天氣也實在是古怪！」

▶第9章

明年冬天，
我會感冒嗎？

‧‧

　　從古至今，許多惡名昭彰的瘟疫或傳染病，都在大流行期間，留下令人無法忘懷的傷害。例如歐洲曾經大流行的黑死病，以及近年來的SARS或愛滋病。除了人與人之間，動物也有牠們自己的流行疾病，像是口蹄疫或是禽流感，在家禽家畜之間蔓延，同樣造成嚴重的損失。另外，在電腦和網際網路充斥的現代社會，時時刻刻都有不同型態、不同威力的電腦病毒發生，他們無遠弗屆的傳染力，往往對全球的經濟活動，造成重大傷害。所以，就讓我們透過數學的模式，更進一步了解這些傳染病的威力吧！

‧‧

【有趣的謎題】

● 老鼠如何害死四分之一的歐洲人？

● 八卦新聞為什麼散佈那麼快？

● 傳染病的散佈情況與謠言類似？

● 不同傳染病的傳染威力相同嗎？

● 如何精準估算傳染病感染人數？

● 利息支付間隔愈短，獲利愈高？

● 為什麼狂牛症的預估死亡人數差這麼多？

● 隔離是阻斷傳染病散佈的最佳方式？

● 電腦病毒也在模仿傳染病嗎？

老鼠如何害死四分之一的歐洲人？

經過了漫長的幾百年，當我們回憶起黑死病和鼠疫大流行所造成的悲劇時，仍讓人心有餘悸。[1] 這兩次大流行，可能是同一種細菌型傳染病，罪魁禍首就是大老鼠身上的跳蚤所攜帶的「鼠疫桿菌」（Yersinia pestis）。這種疾病的傳染性極強，只要出現少數帶原者，就會造成恐怖的大流行。

176

事實上，黑死病是由韃靼部隊帶入歐洲的，他們把受感染的屍體，投射進入熱那亞（Genoese，位義大利西北部）的一處交易站。要不是最後的結

註[1] 一三四七至一三五一年，黑死病橫掃歐洲，估計死亡人數達兩千四百萬人；一八九四年，黑死病再次爆發大流行，波及亞、歐、美洲和非洲近六十個國家，死亡上千萬人。

果那樣陰森恐怖，否則那種場景，簡直荒誕得就像搞笑劇的演出。在當時的歐洲，約有四分之一的人口死於恐怖的黑死病。至今，鼠疫仍然存在，幸好在上個世紀，醫藥和衛生方面有長足進展，鼠疫對人類的影響，已經大幅減輕。

有關鼠疫或是其他傳染病的控制方面，還有一項重要因素，那就是「流行病學」（epidemiology）的進展，這門學問主要是以數字為核心，探究流行病的分布起因及控制疫情的方式。時至今日，在愛滋病、口蹄疫、牛海綿狀腦病（BSE）[2] 和生物戰等等傳染病氾濫的時代，流行病學比起過去，更加受到重視了。

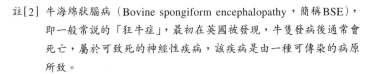

註[2] 牛海綿狀腦病（Bovine spongiform encephalopathy，簡稱BSE），即一般常說的「狂牛症」，最初在英國被發現，牛隻發病後通常會死亡，屬於可致死的神經性疾病，該疾病是由一種可傳染的病原所致。

八卦新聞為什麼散佈那麼快？

　　不只有疾病會在人與人之間傳遞，八卦新聞和謠言可以看做是另一種現代傳染病，現在就讓我們深入新聞傳播的世界。

　　假定你聽到八卦新聞的片段消息。你知道把這種消息告訴太多人並不厚道，於是你只向幾位熟朋友透露。你說：「不要跟別人講。」他們答應：「當然不會。」然而，他們自然也不會完全守密。於是他們也把祕密洩露給幾位知交，大家也鄭重同意會閉口不提。那幾位知交也依樣畫葫蘆，於是就這樣下去，每多透露一次，都會引出其他「少數幾位」。為方便討論，這裡就假定新聞是在上午八點爆發，而所有人都是在半個小時之內分別傳出消息。當天晚上八點之時，你猜會有多少人知道這個消息？

上午8：00　只有你知道那個消息

上午8：30　你和兩位朋友知道（1＋2）

上午9：00　你、你的兩位朋友，和他們的朋友知道（1＋2＋4）

上午9：30　已經有另外八人加入行列……

到了晚上八點鐘時，已經經歷了二十四次的半個小時，而每半個小時，聽到八卦的人數會依規律加倍。因此晚上八點鐘知道八卦的人，就有下面這麼多了！

$$1 + 2 + 4 + 8 + ... + 2^{24}$$

有多少人已經知道「我們的小祕密」？或許你會猜想：「大約有幾千人吧！」

但事實上，狀況比你所猜想的要糟糕！我們先假設每次透露的對象都沒有聽過這個八卦，那麼到了晚上八點，就有33,554,431人聽到這個消息，這個數目約略已等於半數的英國人口。

這種驚人提高速率就稱為「指數增長」（exponential growth），它同時也違背大多數人對數字計量的感覺。指數運算所求出的數值，對於從單一來源聽到消息的人數反應也非常敏銳，我們就把這個人數叫做「擴散因子」（spread factor）。以前述的八卦新聞擴散為例，假使每個人都相當慎重地只告訴另外兩個人，擴散因子就等於2。如果他們改為只另外告訴三個人（這還算是相當謹慎），那麼到了下午六點鐘，就會有五十二億人聽到消息，差不多就相當於全球人口總數——雖然從頭到尾，你只跟三個人講過那則八卦！

不過，就算謠言向新的對象散佈，最後也不見得所有人都會聽到。知悉八卦內情的人數要提高，擴散因子就必須大於1，也就是說，每人都要透露

給不只一個人。如果每個聽到消息的人，都只轉達給另一個人知道，那麼到了晚上八點，就只會有二十四個人聽到消息，在這種狀況下，散佈速率就很穩定，也沒有什麼可觀的。

如果消息實在很沉悶，或者民眾十分擅長保守機密，那麼擴散因子就會小於1，平均轉達人數不到一人，這樣一來消息就會枯竭。假定在知情的人群中，四分之三的人會轉達給一個人，其他人則全都守口如瓶，這時散佈因素就為四分之三，或百分之七十五。再假定，消息爆發時，室內共有六十四人，則其散佈過程如下：

上午8：00　64人知道

上午8：30　這64人中，有75%對他人轉達（因此另有48人聽到消息）

上午9：00　那48人轉達給其他36人

上午9：30　那36人轉達給27人

……

謠言圈中的人數，還可以寫成另一種數列：

$$64 + (64 \times 0.75) + (64 \times 0.75^2) + (64 \times 0.75^3) + \ldots$$

這個數列可以無限制發展，但是如果你等得夠久，那麼最後全世界的人口是否都會聽到這個消息呢？答案為否。最後聽到這個消息的人數仍然有限，而且新聞也會有停止散佈的一天。事實上，只要擴散因子（S）小於1，就可以用一項公式，來算出類似上述「無窮級數」（infinite series）之和。

如果剛開始聽到消息的人數為A，擴散因子則為S，那麼在上列無限級數之中：

聽到消息的總人數 $= A/(1-S)$

該例之A等於64，而S等於0.75。把數值代入該簡單公式，結果便為：$\frac{64}{(1-0.75)} = \frac{64}{0.25} = 256$。

數值256就稱為「漸近線」（asymptote），而答案永遠不會達到該值，因此，當聽到消息的人數接近這個數值時，消息就會停止散佈。

你也可以使用同一公式，來驗證另一種狀況：如果只向兩百人傳達消息，而擴散因子是每十人中只有一個人是大嘴巴（因此S＝0.1），那麼最後就只有$\frac{200}{0.9}$，或222人會聽到消息。

當消息走漏，就會產生另一種有趣現象。公式已經證明，到最後會聽到走漏消息的人數，和最早接觸到新聞的人數關係不大，最大的影響還是在擴散因子。

傳染病的散佈情況與謠言類似？

　　謠言和傳染病的蔓延有很多雷同處，最早聽到謠言的人，就好比最早的帶原者，而謠言散佈給其他人的速率，就好比疾病的感染率。謠言或疫病能夠展開蔓延的重點，在於擴散因子必須大於1。如果有辦法抑制擴散因子小於1，也就是若能確保每位帶原者在發病期間，傳染他人的平均人數小於1，那麼疾病就會逐漸消失。所以，整個流行病學最重要的一個數字，或許就是1。

　　疾病擴散因子是由許多的複雜因素組成，當然，基本要素就是病毒或細菌的本質。有些細菌的威力極強，會透過各種方式滲入體內，例如接觸傳染或呼吸傳染，就是兩種非常容易傳染給別人，卻又很難控制的散佈途徑。另外有些疾病，例如人類免疫不全病毒（HIV，即愛滋病毒），雖然並不容易在人群間傳佈，可是它的擴散因子卻還是很高。這是因為病毒存活時間長，帶原者不小心就會助紂為虐，經由體液感染的方式，讓病毒向外蔓延。

　　在計算感染的增長率時，我們必須統計傳染病在人群中散佈的速率，並分析其結果，這樣才能夠把前述因素全部納入。下面「知識補給站」中所引

述的數字，代表四種知名疾病大約的感染性數值：

| 知 | 識 | 補 | 給 | 站 |

不同傳染病的傳染威力相同嗎？

	典型的感染期	擴散因子
HIV	4年	3
天花	25天	4
流行性感冒	5天	4
麻疹	14天	17

換句話說，一旦流行感冒爆發，最初的帶原者在感冒初的前五天都具感染性，因此在這段期間內，他會傳染給四個人。這些數字只是粗略平均值，其結果會因病毒種類及牽涉到的國家、社區而有所不同，事實上，發展中國家的擴散因子通常較高。

183

　　這裡的重點在於，表中的擴散因子全都大於1。因此若是任其肆虐而不去控制，這些疾病就全部都會構成嚴重威脅。我們可以從表中發現，麻疹的散佈率特別高，所以如果發生在校園中，很快地就會在那些沒有注射過疫苗的學童間蔓延開來。

如何精準估算傳染病感染人數？

我們在前面的內容中舉例討論了謠言散佈問題，其中有項假設便是：新聞會每半小時一次的定期向外散佈。這是簡化事實現象的粗糙假設，但是傳染病要在什麼時候發作？這樣的事並不會有人知道，更不會固定每半小時才發作一次！

在持續增長的背後有個非常特別的數值「e」，把這個數值當作金額，或許可以更容易讓我們了解，請看次頁的「知識補給站」。

傳染病不斷蔓延的情況，就像銀行持續累加利息一樣，擴散因子 S 可以視為被帶原者所傳染的新病例，而疫情爆發初期的帶原者人數為 I。我們先做一個假設：疾病只有在感染期終止時，才會突然傳染給其他人。那麼在期間終止時的新增加病患人數為：

$$\text{新近受感染人數} = I \times S$$

通常，銀行在年底時，並不會只給利息，還會利上加利，而新增加的病患也是如此。當他們成為帶原者後，會立刻將病菌傳染給別人，並不會真的等到感染期結束後才把病毒傳染給別人。這個時候

| 知 | 識 | 補 | 給 | 站 |

利息支付間隔愈短，獲利愈高？

假設你有一英鎊，並且存入銀行，該銀行提供每年百分之百的利率，而且，銀行是在年終時一次發放利息，這樣你在年底就擁有兩鎊。

如果銀行改採每六個月支付百分之五十的利息，那麼你在六個月之後就有1.50英鎊；當年年底，還會得到1.50英鎊的百分之五十，總金額累加到2.25英鎊。

如果是每隔三個月就領一次百分之二十五的利息，總共四次。則年底的總金額還要更高，變成2.44英鎊。

利息支付間隔愈短，你的所得就愈接近投資連續增值額度。不過，年終利息總額會趨向一個最大數值，最高金額應該約為2.72英鎊，前幾位數等於2.71828……這就稱為尤拉數：「e」。這個數值就是自然族群增長的根源，也是其他許多數學領域的重要主角。這可以用公式$(1+\frac{1}{n})^n$來表示，「n」值愈大時，結果會愈接近e值。

就會產生一種包含「e」的公式：經過一輪感染期（流行感冒為五天，天花則約一個月）後，最後所有的帶原人數應該為：

$$\text{經過一輪之後的帶原人數} = I.e^{(s-1)}$$

那麼，在一週開始時，如果有十個人罹患感冒，而擴散因子S等於4，於是到週末時得到感冒的人就會有：

$$10 \cdot e^{(4-1)}$$
$$= 10 \cdot e^3$$
$$\approx 201 \text{ 人受到感染}$$

經過T輪感染期，受感染人數公式便為：

$$\frac{\text{經過T輪之後}}{\text{的帶原人數}} = I \cdot e^{(S-1)T}$$

這就是傳染病流行的基本公式。當S小於1，且T值提高時，$e^{(S-1)T}$式得數便會降低，換句話說，傳染病會逐漸消失。但是當S＝1，則受感染的帶原人數不變；而且若S大於1，則傳染病便會開始流行。

上述傳染病蔓延和謠言散佈的簡單模型，在初期相當精確。但是，當受感染的人數愈來愈多，而其他容易受感染的人數卻愈來愈少的情況下，擴散因子便會減小。這就如同在經過一段時間後，當所有人都聽過八卦消息時，那麼，想要找出沒聽過八卦消息的人就會愈來愈難。同樣的道理，那些帶原者所能感染的人數也會愈來愈少，這就是為什麼傳染病常在一段時間之後便會消退，所以並不需要等到所有人都生病，傳染病也一樣會逐漸消失。

| 知 | 識 | 補 | 給 | 站 |

爲什麼狂牛症的預估死亡人數差這麼多？

當牛海綿狀腦病變異出現人類感染形式（即賈克氏症，Creutzfeldt-Jakob disease，CJD）時[3]，尤其在最頭先幾個病例被證實後，媒體報導都相當恐慌，擔心可能會爆發新的瘟疫疫情。科學界也開始預測可能會有多少人死於這種疾病，但奇怪的是，估計值卻含括了極大範圍（介於一百人到五十萬人間）。那就好像有人說：「我有把握，你的月收入是介於五十鎊到五十萬鎊之間……」（是沒錯，但這其實根本沒有歸納出任何結果）。

範圍之所以會這麼寬廣難測，大多要歸咎於指數增長的現象很容易受到感染率影響。在新疾病出現初期，所有人對擴散因子都一無所知，這時候就要根據當時的所有資料來估計數值。由於考慮到初期誤差的幅度以及後期指數圖所可能產生的巨大分歧，所以在疫情發作的初期，才難以估計精確的死亡人數。

187

註[3] 傳統的賈克氏症多發生於中老年人，平均發病年齡約六十歲，病患在發病初期時會出現喪失記憶或迷惑的症狀，隨著病症持續惡化，會出現行為異常、步態失調及各種不同程度的神經症狀。新發現的變性賈克氏症（new variant Creutzfeldt-Jakob disease，nvCJD）與傳統CJD最大不同則是發病病患年齡都在五十歲以下，平均為二十七歲，這一批病患大多是狂牛症在英國確診十年後開始出現。

隔離是阻斷傳染病散佈的最佳方式？

一九二七年，克爾馬克（Kermack）和麥肯德瑞克（McKendrick）兩位科學家發展出一種數學模型，成為其他主要流行病學模型的參考指標，並沿用至今。他們注意到：在特定期間內，新近感染的病例，如果大於轉變為非感染性的人數，那麼受感染帶原者的總數便會增長。有兩種方式可以轉變為非感染性，一種是復原，另一種是死亡。

克爾馬克和麥肯德瑞克（以下簡稱為克麥）將人口族群區分為三類：

- 易受感染者（也就是尚未暴露者）
- 受感染者
- 復原者（已免疫）

他們的傳染病擴散簡化模型雖然只有考慮到這三個族群，但卻顯示出這是種極佳模型，能正確反映流行病的實際模式：蔓延人數會先迅速增長，隨後則以同樣高速遞減。原始的克麥方程式是用在處理變化速率，並牽涉到「微分方程」（differential equation）。

微分方程式的數學運算相當困難，而且若是更

深入討論，很快就會讓各位讀者昏昏入睡。所以讓我們跳到最後，看看這個方程式究竟告訴我們什麼。答案是，克麥方程式可以預測出，完全不會受到疾病感染的族群比例。

疾病的初始感染率愈高，將來「安然無恙」的比例就愈低。請記住，傳染病的初始擴散因子必須高於1，才有可能蔓延流行。最後發現，如果初始感染係數等於1.5，則總人口中便有超過半數，永遠不會染上疾病。然而，一旦擴散因子提高，流行病就會愈來愈普及。等到係數達到3，便只有百分之五的人口不會染病。

口蹄疫就是個有趣的實例。由於這種疾病的感染性相當高（S超過100），一旦農場裡有一隻動物染病，操作模型運算的人就會認定整個農場全都受到感染，這時農場就相當於一隻受到感染的龐大動物。由於感染性會隨距離遞減，間隔一英里就會大幅降低，因此模型認為這種疾病只在農場間蔓延，所以感染率S約等於1.5，這就比較好處理。

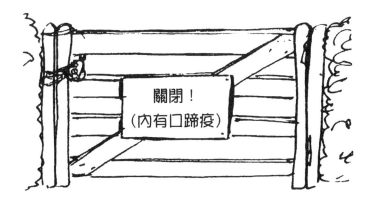

疫病必須達到臨界感染率，才能開始流行擴散。通常這會發生在人們群聚集結，密度相當高的條件下——這正是許多貧困城鎮的樣貌。另一種狀況則是人與人頻繁的接觸，也會造成傳染病的流行，這就好像性病會經由性愛雜交而傳染。所以，只要將大多數的帶原者長時間隔離，多數傳染病都會自行消滅，也不會有新增加的病例。這就是為什麼當年鼠疫大流行期間，採取殘忍手段把民眾禁閉在家中，但實際上這對抑制鼠疫確實有效！

電腦病毒也在模仿傳染病嗎？

不知道是不是生物傳染病仍不夠看，人類後來又決定將其他病毒強加在自己身上，其中最惡名昭彰的就是電腦病毒，從許多方面來看，這實在很像是直接仿效生物病毒。電腦病毒是種迷你程式，編寫病毒的程式設計師，要不是心懷怨恨，否則就是太閒了。威力最強的病毒能夠感染幾百萬台電腦，毀滅硬碟、塞爆電子信箱並造成大浩劫。

191

電腦中毒和人類感染疾病一樣，都有潛伏期，病毒進入電腦系統後，有可能過了幾週，或甚至於幾年之後才開始發作。但是，電腦病毒和生物病毒間，仍有些重大差異。生物病毒必須藉由某種身體接觸來傳播，所以，這表示帶原者所在的地理環境

很重要。你被鄰居傳染到感冒的機率，遠高於被身處西藏的人傳染。不過，由於網際網路的緣故，已經無法仰賴地理上的區隔來防範電腦病毒了。不管身處世界哪個角落，都有機會在剎那間感染討厭的電腦病毒。還有，生物病毒通常要花數小時或數天的時間才會讓宿主發病，至於電腦病毒通常只需瞬間，就可以造成所有感染的電腦受到嚴重的傷害。

　　儘管人類在遺傳上具有高度多樣性，也可以讓少許人天生對某些流行病免疫，但是電腦在軟硬體上面，卻趨於一致。（想想看，有多少人的電腦中包含了微軟或網景的「基因」）。因此，只要一台電腦受到感染，其他相同類型的電腦，中毒機會通通大增！

　　整體而言，電腦病毒透過網際網路就能在短時間向外散播，傳播的速率遠勝於過去所見的任何病毒。只需要短短幾小時，電腦病毒就可以迅速癱瘓地球上數以千萬的電腦。因此，電腦病毒能夠對全球一切組織造成重大威脅，其中更有好幾種病毒，能引發毀滅性的破壞。二〇〇〇年五月，有種病毒包裹在電子郵件中，主旨寫道：「LOVE LETTER FOR YOU」，估計在一週間，就傳染給五千萬台電腦。只要有人打開附加檔案，就會嚴重損壞電腦中的檔案並造成重大損失。根據一項統計顯示，這個病毒所造成的損失，金額高達美金二十六億。

　　由於電腦病毒威脅日益，我們發現，電腦界已經產生許多專業人士，他們的角色及功能已經足以

和醫藥界人員的職掌相提並論。科學家設計出數學模型來預測感染率，並計算暴露於不同電腦病毒的風險。還有電腦醫師來負責治療，運氣好的話，中毒的電腦還可以復原。此外，最重要的是電腦還有保健顧問，負責提供電腦免疫諮詢，或免受病毒感染，最重要原則就是「預防永遠勝於治療」。

　　除了病毒外，其他領域也用得上感染數學的運算。例如用來預測上市產品數量的成長模型，這種模型就和控制傳染病的模型非常相像。許多行銷專家不斷努力，就是爲了設法提高自家產品的感染性和滲透率，同時也要設法降低對手產品的感染性。

　　或有人認爲，宗教也是種病毒。宗教很容易從雙親傳染給孩子，程度遠遠超過任何團體間的影響。到了成年階段，感染性或許會消弭，不過在老年階段，免疫力低落之時，可能又要復發。

　　即使是笑話等生活瑣事，也會像傳染病一樣在人群中流行。你有沒有聽過，台北市立第二殯儀館前的辛亥隧道鬧鬼？如果聽過，那麼你就已經受到病毒感染；如果你原本沒有聽過，恭喜你成爲這個鬼話的帶原者之一，那就繼續傳播吧！

193

第10章

我搭計程車時有沒有被佔便宜？

電影《曼哈頓》中有一段伍迪‧艾倫在計程車中的情節，他對黛安‧基頓講了句俏皮話：「妳長得實在很美，我幾乎沒辦法專心看計程表。」

計程表對民眾有種催眠效果，雖然大多數人都會看它跳表累加車資，但是過了這麼久，卻幾乎沒有人知道計程表的運轉祕密——就連司機都不了解。在倫敦挑幾位計程車司機，請教他們這套系統的詳情，通常都會得到以下反應：「好問題，老闆，我自己也一直在納悶……」

【有趣的謎題】
● 連計程車司機都不瞭解計程表的祕密？
● 如何計算一個都市的平均車速？
● 慢速行駛高速公路，車資會變多？
● 什麼樣的計程車費率可以防弊？
● 計程車司機怎樣可以讓收入提到最高？
● 兩點間最短距離非直線？

連計程車司機都不瞭解計程表的祕密？

電影《曼哈頓》（*Manhattan*）中有一段伍迪‧艾倫（Woody Allen）在計程車中的情節，他對黛安‧基頓（Diane Keaton）講了句俏皮話：「妳長得實在很美，我幾乎沒辦法專心看計程表。」

計程表對民眾有種催眠效果，雖然大多數人都會看它跳表累加車資，但是過了這麼久，卻幾乎沒有人知道計程表的運轉祕密——就連司機都不了解。在倫敦挑幾位計程車司機，請教他們這套系統的詳情，通常都會得到以下反應：「好問題，老闆，我自己也一直在納悶。」

196

當乘客在車陣當中慢慢前進，肯定都會出現一種狀況：不管你是在偏僻街道飛馳，或碰到交通號誌受困，計程表還是繼續跳動，這樣看來司機是贏定了！

那具黑盒子裡藏了什麼祕密呢？你的行進速率會不會影響司機的收入？司機能不能作弊玩弄系統，好從乘客身上詐取較高車資？當我們看到計程表又多跳五塊錢時，多少都曾經想過這類問題。

計程車費率背後的基本原理十分簡單。如果你的旅程很長，那就應該預期支付的車資要比短程者高，實際上，威廉・布魯恩（Wilhelm Bruhn）在一八九六年發明的計程表，也是根據旅行距離來計價。不過，若是碰上繁忙交通或因車禍而意外延遲，那又該如何？從計程車角度來想，「長程」行車除了表示距離較長之外，還代表時段也較長，司機碰上交通阻塞就要停車等待，在尖峰時段則只能徐緩前進，為了支付這段工作時間，計程表也計算行車時間的車資。

因此，計程車費率的計算公式，會根據你的行進距離和時間，來求出應支付的車資。但事實上，這卻有點誤導，因為計程表是根據你的行進距離或時間來計價，並不會同時根據兩者來計算，稍後就會澄清這點。

這種「距離對時間」的算法，已經成為國際通用標準，凡是安裝計程表的計程車全都採用。不過，他們除了這種做法之外，還有其他可行模型。

197

事實上只要你動腦筋思索就能看出，行車緩慢時要你付費的做法，和搭火車旅行的計價原則相左。搭乘火車之時，若行車時間加倍，你並不需要支付額外票價。到了現代還正好相反，因為票價系統會退款，你搭火車行進愈久，票價就愈低！（編按：這裡指英國火車系統。）

經濟學有一條通則：「產品愈好，成本愈高。」不過，如果你舉出搭計程車的例子，並要求「盡快載我到那裡去」，那麼這裡的經濟學定律就正好相反：「產品愈差，車資愈高。」事實上，計程車上是列出了車資計算公式，只是字體太小，幾乎沒有人會去閱讀。就在本書撰寫期間，倫敦日間乘車的基本車資計算公式如下：

基本車資 **1** 鎊
＋每 **189.3** 公尺
或每 **40.8** 秒收 **20** 便士，

裡面有兩個精確數字：189.3公尺和40.8秒，這完全足以令人遲疑，沒有人會想去自行計算車資。不過，這並不是計程車司機刻意混淆乘客的陰謀，實際上，這套數值是倫敦管理當局制定的，而且每年都根據通貨膨脹額度來調整，讓司機的收入大致上維持穩定。倘若你回溯適當時期，肯定曾有段時間，距離和時間收費數值都為整數。

英國國務大臣在一九三四年公佈倫敦計程車管理規章，當時的公式並不採用小數而是用分數來表示。該公式如下：

3 文錢（這是舊幣制，相當於 3 便士）＋每 $\frac{1}{3}$ 英里收 3 文錢（若行車每小時超過 $5\frac{1}{3}$ 英里）或每 $3\frac{1}{2}$ 分鐘收 3 文錢（若時速低於 $5\frac{1}{3}$ 英里）。

這個每小時 $5\frac{1}{3}$ 英里數值，是一九三四年倫敦車輛的平均估計速率，當時之所以訂得這麼低，或許是由於馬車速率較慢。不過這個速率很合理，在當年街道還算常見，如果你是在當年搭乘計程車，並正好就以這個 $5\frac{1}{3}$ 英里平均時速行車呢？結果就會發現，倘若你以 $5\frac{1}{3}$ 英里時速行進 $\frac{1}{3}$ 英里，那麼你就正好要花 $3\frac{1}{2}$ 分鐘，這正好就是一單位時段。換句話說，不管你是用計程或計時去衡量，只要計程車司機是以平均速率行車，那麼每單位行程都可以收入 3 便士。

隨後我們會更深入鑽研神祕的計程車公式，不過這裡要先做個小考。假定你每天都要從你的本地車站，搭乘黑色計程車回家。

小考題：

1. 相同距離，較長時段。如果你今天搭乘計程車，行車時間比昨天搭同樣路程多了幾分鐘，那麼你的車資是否：

(a) 比昨天的多？

(b) 比昨天的少？

(c)和昨天的相等？

2. **相同時間，較長距離。** 如果你今天繞道走偏僻道路，於是行車距離加長幾百碼，不過所花時間和昨天的相等，那麼你的車資是否：

(a)比昨天的多？

(b)比昨天的少？

(c)和昨天的相等？

你對這兩題的答案都是(a)、(b)或(c)嗎？如果是的話，那就給自己加一分，因為所有答案選項全都是「有可能」。就算旅程較久或較長，光憑這點也不見得就表示你要多花錢。想不通？請繼續讀下去……

| 知 | 識 | 補 | 給 | 站 |

如何計算一個都市的平均車速？

如果你想要知道英國都市的平均交通速率，那就去查看計程車費率。你會看到費率是寫成每跑Y距離就收X便士，同時每過Z時段就收X便士。拿Y除以Z，就是相當精確的平均速率估計值。例如：倫敦的Y和Z值為每189.3公尺和40.8秒；拿189.3除以40.8就是每秒4.6公尺，大約超過時速10英里。紐約的$\frac{Y}{Z}$值得數為每90秒$\frac{1}{2}$英里，約為時速20英里。這種伎倆為什麼靈光？因為這種做法是先根據正常日子的交通均速來估計預期收入，接著便建立模型來制定計程車費率。

慢速行駛高速公路，車資會變多？

計程車的費率計算原則十分簡單，不過這原則
到底是什麼？底下是紐約市全體計程車最近才廢棄
的費率公式，所採原則和倫敦計程車的公式相同，
不過數值計算就容易得多：

2元＋每0.5英里收30分錢或每90秒收30分錢
（取其較高者）

這項公式也可以用標繪圖來表示：

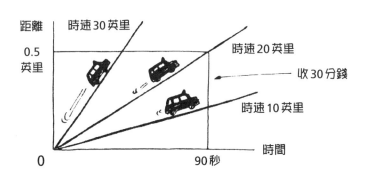

當你超出圖中的長方形，計程表就累進30
分。當行車高於時速20英里（臨界速率，critical
speed），計程表就根據距離累進；若是速率較低，
則按時間計價。一旦計價單位累進30分，計數器
就重新歸零。若位於長方形角落（也就是行車速率

剛好等於時速20英里）則距離和時間單位便同時累進，不過只計價一次30分錢[1]。

這個臨界速率（在紐約市爲時速20英里，在倫敦則只有時速10.4英里）是計程車費率中的重要部分。如果你的計程車超過這個速率，那麼假使行進距離固定，實際費用也是固定的，因爲這時你只是按照行車距離來付費，如果是低於這個速率，則整趟旅程的車資就要提高，另一幅圖示可以清楚說明這點：

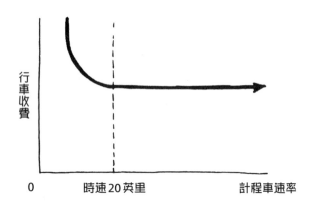

如果速率接近零，則搭車費用就會飆高。事實上，如果你的計程車停在交通號誌前面完全不動，你的搭車費用就會無止境提高，當然，這要先假定你願意耐心待在裡面這麼久。

請注意圖示曲線部分（低於時速20英里的狀況）和平直段落（超過時速20英里）是彼此相

註[1] 這裡介紹的費率計算法與台灣的情況略有不同。以現行台北市計程車費率爲例，除了按里程收費外，若車速低於時速5公里，「計時收費」就會啟動，累計每超過1分鐘20秒就跳5元。

連。圖中的這種平滑連線是避免詐欺的好方法，請
參見下一頁「知識補給站」的日常生活實例，該頁
圖示若出現折線，那就會鼓舞犯罪行為。

　　到此為止一切順利，看來公式還相當公平合
理，不過要小心，這裡藏有陷阱。其中道理最好用
舉例說明，就以你多少能夠想像的實際生活事件來
印證。

　　假設你和一群朋友在紐約，要結伴從公寓前往
餐館，你們沒辦法全都擠進一輛計程車，因此分乘
兩輛。兩輛計程車同時啟程，並採相同路徑同時抵
達那家大飯店，結果你發現朋友的車資比你低，想
像這時你會多麼懊惱，怎麼會這樣呢？

　　讓我們簡化計算程序來說明原因。計程車開了
一英里路，花了四分鐘（240秒），起步時計程表
顯示美金兩元，這即為用來支付起跳的基本費用。
你的朋友所搭的計程車，整趟旅程都固定以時速
15英里前進，由於這低於每小時20英里臨界速
率，因此計程表並不是根據距離計價，而是按照行
車所花時間累加。過了90秒鐘，計程表便累加30
分錢，而180秒之後還要多累加30分錢，由於旅程
只持續240秒，下一段90秒單位還沒有達到終點，
因此費率總計為**2.60**元。

　　現在來算你的旅程。儘管你的行車起步和終點
時間，和你朋友的完全一致，不過讓我們假設，你
的計程車司機在行車前半英里猛踩油門，以時速
30英里沿路飛馳（那就相當於你的第一分鐘），接

著你就被前方的慢速車輛擋住，於是在隨後半英里距離，你的平均速率只達時速10英里，以這個速率開半英里路花了三分鐘，你的計程車資計算如下：

第一段半英里：30分錢支付行車距離（你行車超過臨界速率）

第二段半英里：60分錢支付所花時間（低於臨界速率，兩個90秒時段）

旅程總車資＝2元＋30分＋60分＝**2.90**元。

| 知 | 識 | 補 | 給 | 站 |

什麼樣的計程車費率可以防弊？

計程車費率計算法只是人為計價公式之一例，另一種付款實例最不受人歡迎，那就是稅款。稅率和計程車費率有點不同，有些稅款圖形並不平滑，房屋印花稅就是其中一例。一九九九年，英國大臣推出印花稅新級別，如下所示：

房價	稅額
0鎊－6萬鎊	免稅
6萬鎊－25萬鎊	支付房價之1%為印花稅
25萬1千鎊－50萬鎊	支付房價之3%為印花稅
50萬1千鎊及以上	支付房價之4%……

這種比率適用於總額。因此，若某人的購屋價款為二十五萬鎊，則只需支付1%，即等於兩千五百鎊；而若另有人購屋價款為二十五萬一千鎊，就必須支付3%稅款，即等於七千五百三十鎊。所支付印花稅款圖示如下：

　　換句話說，你要比朋友多花30分，貴了不只百分之十！

　　這就是計程車費率的一種轉折實例，也就是當你搭車在較高速道路前進，卻頻頻停車等候號誌，或許就會讓你花更多錢。如果道路的通行較慢，但車速穩定，你的車資就會較低。旅程費時愈長，價差就有可能愈大，同時不管是在任何都市，只要你搭乘計程車，每次都有可能出現這種價差，就算標準計程表調校精準也無法避免。由於有這種反常現

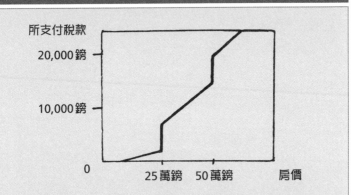

　　我們可以理解，若某人想購買二十五萬一千鎊價位等級的房屋，就會非常希望售價為二十五萬鎊，而不要賣二十五萬一千鎊，因為這會讓稅款瞬間提高到五千鎊。當房價從五十萬鎊提高到五十萬一千鎊時，同樣也會產生這種不成比例的影響。稅款突然提高會扭曲市場行情，售屋人會想出各種做法，讓房款剛好位於有利價位這邊，不過有些方式並不是那麼合法。

　　這其中的寓意是：若圖解有瞬間竄高現象，便可能造成腐化。這就是為什麼計程車費率對速率的平滑線條是種優點，這會消除誘因，讓計程車司機無法藉由特定行車速率來大幅提高收益。

象，便有可能虛構出各種狀況，讓行車距離或時間拉長，車資卻反而降低（或反之）。這就是為什麼前面那道小考題，每項答案都有可能正確。

　　計程車司機恐怕很難藉此牟利，不過，如果他們有兩條路徑，一條是走流暢的偏僻街道，另一條是走高速公路並在交流道減速慢行，那麼選擇後者就可能賺得較多。

206

計程車司機怎樣可以讓收入提到最高？

207

　　儘管動點手腳就可以從計程表中多搾點錢，計程車司機從這裡卻賺不了多少利潤，事實上他最感到興趣的是每小時賺幾鎊。最好的賺錢法就是不停載客，而且每趟都要盡快完成。計程表上的時間費率，已經訂出司機的最低工資。只要有乘客在座，紐約市的司機就知道，自己每90秒鐘至少可以賺到30分錢（每小時12美元）；倫敦的司機則是每40.8秒賺20便士（每小時17.60鎊，約32.9美元）。順道一提，英國司機的收入是美國同行的兩倍多，這看來有點奇怪，不過請記住，這只是最低收入，而且其他的暫且不提，這或許也反映出倫敦司機的較高燃料與訓練成本。

　　不過，計程車司機的最理想行程為何？怎樣才能在每分鐘賺到最多錢？結果發現兩種可能狀況，也就是非常短和非常長的行程，在這兩種狀況下最有利，都能從費率公式中獲得最大好處。

　　乘客一進入計程車中，他就欠司機一筆租金，在倫敦為1.20鎊，在紐約市則為美金2元。這就代表只要努力極短時間，或許十秒鐘，就會有驚人收益。因此，就以每秒收入而言，計程車搭載了短程

乘客，就能得到最佳收益。不過就實際而言，沒有旅客會搭乘不到一分鐘，因此，這時就必須考量第二項因素——小費。小費在計程車司機的收入裡佔了重要比例，給小費最常見的方式是車資不找零給整數，這個意思是，好比當計程車資為9.90鎊時，通常司機拿到的總額就為10鎊，小費少得可憐，只佔了百分之一。有時計程表會累加到最棒的車資，好比3.40鎊，這時乘客或許就會給整數，總計得4.00鎊，小費佔了將近百分之二十。若能連續跑幾趟3.40鎊，說不定計程車司機每小時就約有35鎊收入。表現優異，就看你有沒有辦法拿到。

諷刺的是，高費率還可能拿到高額小費。當某人能負擔高昂車資，好比42鎊，通常他們也不會把錢當錢（不管是自己的錢或他們雇主的錢），因此，至少根據亞伯丁（Aberdeen，位於蘇格蘭）一位計程車司機的講法，要碰上乘客興高采烈地說：「五十鎊給你，不用找了」可不是妄想，這下又有百分之二十額外收入。此外，如果旅程距離拉長並超過某個上限，那麼計程車的距離費率，實際上還要提高。這項規則可以追溯自馬拉式計程車時代，當時必須考慮馬匹有可能力竭。不過，這也是體認到，當計程車遠離交通中心，搭載新旅客的機會，就會迅速遞減。不論如何，這裡還是有反常情況，如果是從偏遠地區長程回到繁華地區，好比由希斯羅機場（Heathrow airport）進入倫敦市中心，不只能夠提高費率收入，還讓司機直接進入熱門載客地

兩點間最短距離非直線？

　　根據「歐幾里德幾何學」（Euclidean geometers），兩點間
的最短距離是直線，計程車司機卻不同意這點。由於都市都採棋
盤式柵格規畫，要從一點行進到另一點，幾乎不可避免要採之字
形路徑，兩點間的「最短距離」，幾乎都不只一種。就以下方的
柵格為例，從 A 到 B 的最短距離是五個區塊，你也應該能夠找出
十種做法（圖示為其中一種）。

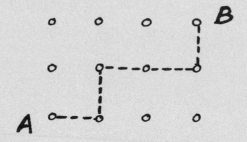

209

　　這種距離計算方式必須用上數學的一整套迷你分支，稱為
「計程車幾何學」（taxicab geometry）。這門學問內容千奇百
怪，例如：以下標示 X 的各點，和中央點的里程全都相等（兩個
單位），那麼周邊所有點和中心點全都等距的形狀叫做什麼？當
然就稱為圓。因此，在計程車幾何學領域中，你就可以把圓圈畫
成方形，幾個世紀以來，歐氏幾何學始終無法破解這套把戲。

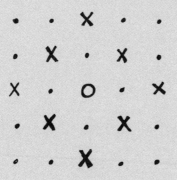

帶，難怪計程車司機都喜歡搭載剛下飛機的旅客。

　　事實上，目前已經有整套數學模型設計，要算出最佳位置組合，來使計程車儘量提高載客次數和收入。同時交通部也規畫了複雜模型，來檢視交通流量並訂定合理車資。

　　有位計程車司機說過：「老天，你實在想不到，其中竟然有那麼深奧的數學。而且想想看，有次那位名人卡蘿・佛德曼（Carol Vorderman，英國著名電視益智節目主持人）還坐過我的計程車後座。」

第11章

我究竟會不會遇上
完美伴侶？

電影《BJ單身日記》的女主角布莉琪‧瓊斯說過：「有些男性似乎有承諾恐懼症，有些女性也是……」。為什麼會有這種不做永久關係承諾的現象？原因有很多，其中一項是現代男性認為，自己有許多時間來做出抉擇，許多男性會著手尋找「完美伴侶」，而且不管那是指什麼，反正他們都會自問：「下一個是不是會更好？」

尋找完美伴侶的方法也成為學者研究的題目。在特定人數中挑選最佳伴侶的成功比例是多少？是否該聽從婚姻介紹所的指示參加配對遊戲？現代科技真的已經研發出完美配偶系統嗎？想找到理想伴侶的讀者們，或許應該趕快翻開下一頁……

【有趣的謎題】

● 下一個男人（或女人）會更好？

● 堅守「37%原則」可以覓得佳偶？

● 如何算出你的婚姻承諾恐懼症指數？

● 婚姻介紹所總是所配非人？

● 有尋覓完美配偶的數學方法嗎？

下一個男人（或女人）會更好？

大家都很了解，近年來結婚的人愈來愈少。五十年前，結婚是每個人天經地義該做的事，維持單身則是種羞恥——特別是女性。但是目前「老處女」一詞幾乎已很少人用，而這個名詞所點出的負面內涵，總是遠比專指男性的「單身漢」更惡劣。當時的人都承受壓力，要盡快結婚生子，還經常和他們的初戀對象結婚，接著不管怎樣都得死守婚姻。

那種社會壓力在今天已經大幅減輕，民眾也開始把婚姻看成一種生活型態的抉擇。男性還似乎特別不願意結婚，誠如布莉琪・瓊斯（Bridget Jones，電影《BJ單身日記》的女主角名）所言，有些男性似乎有承諾恐懼症，有些女性也同樣如此。不過為了單純起見，本章隨後主要是從男性角度來探討這個現象，如果你覺得有必要，也可以把「男性」改成「女性」，當然，相同論點也可以適用於選擇同性伴侶。

為什麼會有這種不做永久關係承諾的現象？原因有很多，其中一項是現代男性認為，自己有許多時間來做出抉擇。許多男性會著手尋找「完美伴侶」，而且不管那是指什麼，反正他們都會自問：

「下一個是不是會更好？」，並因此而推遲婚約。

選擇配偶就是一種「序列決策」（serial decision）的例子。換句話說，所有選項會逐一出現，並不是同時呈現在你眼前，而且你也完全不知道下一個出現的會是什麼。

事實上，其他比較世俗的決策，例如租賃公寓、尋找停車位或接受某項工作，和尋找配偶也有雷同之處。就這每一種例子而言，其選項都是依序呈現在你眼前，而且一旦你排拒一個選項，通常就不會再有回頭的機會。例如你沿著單行道開車，那麼一旦你漏看一個停車位，就不能掉頭回去停車；另外如果租屋市場活絡，那麼當你看好一個地方，除非立刻承租，否則很可能馬上就會被別人搶走，這些全都是序列決策的實例。

215

堅守「37％原則」可以覓得佳偶？

　　什麼時候該堅持你所擁有？要檢視這個非常實際的問題，我們可以借助個案研究，並略微虛擬情節來簡化分析。本例中的吉姆是個理想對象，他三十九歲，決心在四十歲時訂婚。吉姆加入交友俱樂部，這樣他和可能對象的相逢過程，就可以部分排除機運成分。交友俱樂部保證每年替他安排十次約會，而我們也要在這裡加入一種相當不可能的狀況，那就是吉姆的約會對象全都急於成婚，只要他開口求婚就成。因此，他肯定將來那十位約會對象當中，有一位會成為他的太太，不過會是哪位呢？

　　把可能配偶依等第排列似乎有點無情，不幸卻有必要這樣做，才能進一步分析。（這裡也必須說明，男女都不反對就潛在伴侶做評比。）十位約會對象之一會成為最佳伴侶人選，也另有一位會是最差的選擇。不過，吉姆和她們見面的順序，卻是完全隨機。

　　吉姆和第一位對象約會，她看來也不錯。不過，她是最好的那位嗎？或許她是，不過，考慮到吉姆往後還會與其他對象約會，她成為最佳人選的機率只為十中取一。因此，合理的決策似乎就是先

不要對她做出承諾，而是把她當作基準，並拿來和後續約會對象做比較（這裡就不對吉姆的道德品行做任何評價）。

如果吉姆真的猶豫不定，他也可以依舊拒絕對接下來幾位做出承諾。一直到第十位約會對象現身，若吉姆還是要堅定原則如期訂婚，那時就沒有選擇餘地只好選擇第十位。因此他若不做出決定，採取不表態策略，那麼他選中最佳人選的機會，還是只有十中取一。不過，肯定會有較佳策略。

的確是有！如果他要提高機會，有種做法就是先拒絕第一位約會對象——假定那是凱瑟。不過，往後一碰到得分超過凱瑟的約會對象就點頭接受。只要採取這項對策，他在十次中有九次，能夠找到比凱瑟更好的配偶。但是，如果凱瑟恰好就是最佳對象，這項對策就不靈了。

如果吉姆選定最先贏過凱瑟的約會對象，最後他選中最佳可能伴侶的機會，就會提高到百分之二

評價凱瑟？

約會遲到！

十，或等於五中取一。這個比率的計算過程相當複雜，因為這必須把最佳人選出現的順序落於第二位，或第三位（第二位得分低於凱瑟），或第四位（第二和第三位得分都低於凱瑟）等等的機率累加起來，並一直加到第十位。如果吉姆除了凱瑟之外，還納入其他人選作為基準呢？他堅持時間愈長，就愈能通盤了解所有的可能對象。不過，這樣他把最佳伴侶排斥在外的機率就愈高。

事實上，吉姆面對上述情況時，便可以用數學來找出最佳答案。那就是先和三位人選約會，隨後一出現得分超過前述三位的人選就向她求婚。這樣一來，最後吉姆所擇定人選會是最佳伴侶的機會，就會提高到約為三中取一。你可以按照次頁的「知識補給站」所述，進行盲目約會的紙牌遊戲，來模擬吉姆的經驗。儘管這種練習過度簡化，不盡然符合生活實情，至少還是個能夠描述許多人做法的好例子。他們會先約見幾位夥伴，來增長閱歷，之後才做出堅定承諾。

隨著伴侶潛在人選增加，數學解答就會愈來愈嚴謹，最後比率就會極為明確。如果有Ｎ位伴侶人選，你就應該先約見Ｎ除以「e」人，隨後才做出承諾。前述「e」值約等於2.718，這也是指數增長現象的核心數值。如果Ｎ為大數，那麼根據上述，你就應該在所有潛在伴侶之中，先約見大概百分之三十七的人選，隨後才安頓下來。

這種巧妙做法有許多瑕疵，當然了，其中之一

218

就是你完全無法預知，將來你會和幾位伴侶人選約會。儘管如此，如果你估計自己這輩子，或許能夠見到四十位配偶人選，那麼當你認識其中十四位時，就該考慮安頓下來了。

| 知 | 識 | 補 | 給 | 站 |

如何算出你的婚姻承諾恐懼症指數？

從一疊撲克牌中選出十張，分別為Ａ到10點，其中Ａ的分數最低。這幾張牌就代表你的盲目約會對象，遊戲目標是要在最後選出點數最高的牌，請先洗牌並面朝下排列：

從左邊開始，你可以選擇要約會幾張牌，不過先不要當真。這時你就是在「實地體驗」，並不做出承諾。實地體驗次數最低為零，換句話說，這代表你就選定第一張出現的牌；實地體驗次數最高為九，這就代表你的承諾程度最低，不過當你翻出第十張牌，就不得不選定這最後一張牌。

選定實地體驗次數之後，你就翻開那麼多張牌，並記住最高點數，這就是你的基準。

接著開始逐一翻開你剩下的牌，第一張點數高於基準的牌，就是你的伴侶。如果沒有點數更高的牌，那麼不管第十張牌的點數為何，那就是你的伴侶。平均而言，實地體驗次數為零或九所得結果最差，若是實地體驗次數選定為三，最後就能得到最佳結果。這種做法在三次中有一次，最後所得到的伴侶，就是最佳的人選。

219

婚姻介紹所總是所配非人？

前面所描述的策略，讓你有很好的機會，能夠從命中注定要認識的可能配偶當中，選出最佳人選，但是這和認識完美伴侶並不完全相等。例如：如果你的生活主要興趣，是前往遙遠國度旅遊，那麼當你發現，在所有認識的對象當中，沒有一位想要到比澎湖更遠的地方去旅行，當然你就要大失所望了。

要找出真正匹配的對象，必須更專注心力去尋覓，這就是為什麼會出現婚姻介紹所，他們要求寂寞心靈填寫問卷，接著就用這些資料，根據他們的興趣和偏好，來找出可能的配對。統計學家經常使用「距離量表」（distance measures），來找出兩組資料的匹配程度，其原則是兩組資料的分歧總值愈低，這兩個項目就愈能匹配。

就以安妮為例，她也在尋找伴侶，並且填寫了簡短問卷。她回答是非題時，填寫1代表「是」，0代表「非」，底下就是她的答案，同時也列出兩位配偶人選，肯恩和約瑟：

	安妮	肯恩	約瑟	安妮：肯恩	安妮：約瑟
偏愛都市勝於鄉間？	1	0	1	1	0
夜間在家不愛外出？	0	1	0	1	0
喜歡貓？	1	0	1	1	0
總分				3	0

最後兩欄顯示安妮和肯恩，以及安妮與約瑟在各項因素上的分歧間距。「安妮：肯恩」的總間距為3，而「安妮：約瑟」的間距為0，因此，根據這項簡單測試，安妮和約瑟能完美匹配。

但是，這種簡化做法會出現瑕疵也不令人意外。倘若問卷所包括的問題，有些答案數值並非介於0到1之間，好比年齡，這時會出現什麼現象？

	安妮	肯恩	約瑟
年齡	29	31	35

在前面的結果增添這筆，現在安妮和肯恩的間距就是2歲加上其他問題的3點，計得5點。而她和約瑟的間距就為6歲加上0點，計得6點，由於現在肯恩的間距較短，於是根據這項計分系統，他肯定就匹配得更好。

這裡有點不對！安妮在偏好各項上都和約瑟完全匹配，這個結果卻被兩人的年齡差距完全抵銷，而年齡卻是完全不同的尺度。較好的距離量表要能使各項類別尺度，都具有類似的變異程度。由於約瑟比安妮大六歲，或許這應該相當於間距2點，而非上述的6點。就算所有項目都為是非題，各題的

尺度也可能不等，如果安妮生活中的主要感情寄託是貓，那麼或許較佳方式就是用0到5點的量表，來計算你的愛貓分數。這樣一來，本項目的重要性程度，就會超過其他較次要的因素。

問卷法還有另一種潛在問題，這裡就列出他們的其他答案：

（你喜不喜歡）	安妮	肯恩	約瑟
看電視？	0	1	1
參加夜間社交活動	1	0	1
嘻哈音樂（hip hop）	1	0	1
庫房搖滾（garage music）	0	0	1
流行音樂（pop）	1	0	1

依照本表，安妮和肯恩之分歧點數為4（他們只有庫房搖滾相符），而安妮和約瑟得2點，因此，安妮和約瑟再次較為匹配。然而，在五項問題之中，卻有四項彼此相關。喜歡參加夜間社交活動的人，也都比較會喜歡在pub常聽到的各種音樂，既然安妮和約瑟都喜歡夜間社交活動，這肯定就要扭曲得點，並對約瑟有利。

如果有種統計方式，能夠降低這種扭曲效應，排除密切相關問題的影響（好比夜間社交和上列各種音樂的例子），結果就可以大幅改善。當然啦，確實有種統計方式，可以辦到這點，並能調整量表法，來排除類似前述年齡差距的反常現象。這種統計量稱為「馬氏距離」（Mahalanobis distance），其基本原則前面才剛討論過，不過計算過程令人生

畏，要用上一整套向量和矩陣，這裡就不重作演算，否則只會讓人感到困擾。

馬氏距離廣泛用在統計配對領域。例如：若有公司想要知道，什麼時候在電視上打商品廣告最好，這時若有資料能夠告訴他們，購買該公司產品的族群會看哪類節目，就會很有幫助。只要借助馬氏距離做點「資料融合」（data fusion），就能產生一種好用的指標。

這種做法也非常適用於婚姻介紹所的資料庫，不過有兩種例外。首先，一個人做自我表述時，很可能會扭曲真相，這就表示，距離計算法只能根據你的自述，來求出相容性結果。你的自述和你真正的人，差別可能非常大。

第二項還更為嚴重。俗話說「異性相吸」，異性也可以解釋為個性互異者，如果此中有真理，那麼這種找出最短分歧間距來配對的論據，就完全可

223

以棄置不用了。或許就是這個緣故,(就我們所知)
才沒有任何婚姻介紹所,仿效其他資料庫產業,採
用這種資料配對技術——他們反而比較常碰運氣,
讓事情自然發展。

224

有尋覓完美配偶的數學方法嗎？

　　就算沒有競爭對手，尋找合適伴侶的問題本身就夠艱鉅了。而當整個社會的民眾，全都爭先恐後，尋找自己的理想配偶，狀況就要更複雜得多。民眾找到配偶的機率有多高？還有，當他們覓得伴侶，還能快樂的機率又有多高？

　　社會學家、諮商人員和心理學家，都投注大量心力來鑽研這項問題，還有數學家也有他們的獨到看法。

225

　　事實上，穩定婚姻問題分析可以溯自一九六二年，蓋爾和沙普利（Gale and Shapley）兩位數學家研究出的結果遠近馳名，卻成功得令人嫌惡。他們設計出一套系列指令，稱為「蓋爾─沙普利演算法」（Gale-Shapley algorithm），可以用來擇偶配對，並保證結果會令人非常滿意——至少其中一人是如此。只要男女人數相等，這個模型就能生效。其中有項基本假定，那就是所有人都是在尋找異性為伴侶。我們就謹守傳統，假定是由男性來向女性求婚，不過，以下討論的內容，也全都適用於反向狀況，其程序如下：

- 每位男士都根據名單，由上而下依序和女性接觸並向她求婚。
- 如果當時那位女性還沒有伴，她就會說「考慮看看」，於是男士就待在她身邊。
- 如果她已經有男伴，那麼她就在兩位之中抉擇，並對她較不喜歡的那位說「不要」。接著，被拒絕的男士，就去和他的名單中的下一位女士接觸。

　　繼續這個程序，直到所有男士都找到一位不拒絕他的女士。看來這就像維多利亞時代的做法，不過，至少這個過程能夠保證，最後所有男士都能找到願意接納他的最佳女士。於是男士就都可以表示，他已經得到衷心期盼的最佳結果。不幸，就女士而言，事情卻完全不是那麼樂觀，因為通常最後的結果都不如預期，和她們心目中的理想安排相差很遠。

　　就以底下例子來說明。A男、B男和C男三位男士，要和X女、Y女和Z女匹配成雙。以下分別依序列出他們偏愛的伴侶：

偏愛順序		
A男	X	Y	Z
B男	Z	Y	X
C男	X	Z	Y

偏愛順序		
X女	B	C	A
Y女	B	C	A
Z女	A	C	B

　　因此，舉例來說，A男的偏愛順序為X女，接著為Y女，最後則為Z女。

在第一回合，Ａ男和Ｃ男都選擇Ｘ女，而Ｂ男則和Ｚ女在一起。於是Ｘ女便面臨抉擇，要在Ａ男和Ｃ男之間擇一相伴，由於Ｃ男在她的名單中順序較高，因此她便選擇Ｃ男。這時Ａ男被拒絕，因此選擇第二人選，Ｙ女。現在每位都已經成雙。

最後的配對結果爲：

Ａ男—Ｙ女

Ｂ男—Ｚ女

Ｃ男—Ｘ女

Ｂ男和Ｃ男都和第一人選配對，而Ａ男則和第二選擇成雙。難怪他們都面帶微笑。不過，他們的伴侶卻完全不是那麼快樂，她們沒有人擁有第一人選，事實上，到最後Ｙ女和Ｚ女還都和她們的最差人選配對。

如果是由女性提出請求，那麼這個做法就會產生出不同的結果。就這個狀況，採取一模一樣的程序，不過這次是由女士坐上位來擇偶，則配對結果便爲：

Ｘ女—Ｃ男

Ｙ女—Ｂ男

Ｚ女—Ａ男

這時女士們就會比較快樂，Ｙ女和Ｚ女都和她們的第一男性人選配對，而Ｘ女則是情歸她的第二人選。

事實上，蓋爾—沙普利演算法總是有利於求婚人。不管你有其他哪種想法，這個途徑的一種優勢便是，這樣所撮合的婚姻都很「穩定」。也就是說，不管哪位配偶有多想分手，其另一半都不會希望和現有配偶離婚。

許多數學理論除了適用於原初領域之外，也都發展出其他的用途，這種運算法也是如此。除了婚姻之外，大家也開始構思，是否可以把這套演算法，用在其他各類搭檔配對的範疇。例如：合格醫師向醫院求職，或有人想找房子租屋居住等狀況，是否也都能採用？只要依循蓋爾—沙普利演算法，不管最後安排結果為何，總有一方會感到非常高興。不過，到時或許會有爭議，到底該由哪一方來主動提出請求，畢竟就整體而言，他們會是獲勝的一方。

曾有人試圖改良這套演算法，希望所產生的結果，對雙方而言都能夠較接近理想狀況。不幸，現實生活錯綜糾結，因此就算是最優秀的系統，效能也要受限。其中的一項問題是：有些人拒絕接受次佳結果，一旦被他們的「理想」伴侶拒絕，他們就寧願保持單身，再也不想和其他人結婚。但是更糟糕的是，偏好會隨時間改變，今天的理想伴侶，和間隔十年之後的理想伴侶有可能非常不同，於是穩定的伴侶關係就會開始動搖。

看來辨識完美伴侶的理想系統，必須考量到幾種不同因素。系統必須能夠察覺真偽信號之異，也

能夠預測將來會出現的人選有誰，而且最重要的是，系統還必須有能力預測人心會如何改變。不消說，尋覓完美伴侶的理想系統還沒有出現。

第12章

這是一場騙局嗎？

罪犯會在無意間留下各種犯罪線索，好比指紋、衣物纖維或武器。不過，還有另一種較不具體的線索，同樣也能夠確認犯罪行徑。從做生意到實驗室等各類活動，都曾有騙子因為留下數字而被人發現。那不是電話號碼或銀行帳號，而是日常普通統計數字，尤其是數字1，更藏有許多奧祕……

【有趣的謎題】

● 利用數字1就能看破騙術？

● 用數學也能偵測騙局？

●「班佛定律」為什麼能有效抓出造假數字？

● 太一致的統計數字反而不正常？

● 如何抓出誰向新聞界洩密？

● 有些劇本其實不是莎士比亞寫的？

● 如何揭穿學生是否考試作弊？

● 活用統計法也能贏得芳心？

● 還有多少詐欺事件逍遙法外？

利用數字1就能看破騙術？

　　罪犯會在無意間留下各種犯罪線索，好比指紋、衣物纖維或武器。不過，還有另一種較不具體的線索，同樣也能夠確認犯罪行徑。從做生意到實驗室等各類活動，都曾有騙子因為留下數字而被人發現。那不是電話號碼或銀行帳號，而是日常普通統計數字。

　　在所有潛在詐騙證據之中，有一項極為奇特：那便是以數字1為核心。看看今天的報紙頭版，就可以了解其背後的原理。幾乎肯定上面會列出許多數值，內容則是包羅萬象，例如：「加派5,000兵員……」、「降低2.5%……」、「上次是發生在1962

年⋯⋯」、「他提出18項明確指令⋯⋯」、「父親為65歲⋯⋯」或「詳見第3版⋯⋯」。

這些數值彼此毫無關係，不過其中是否呈現某種模式？你猜，報紙上出現的數值，有多少比例是以數字1開始？或又有多少比例是以5、8等數字開始的呢？

或許你從來沒有想過這點，不過，報紙出現的數值首位，應該是相當均勻分布，這種假定很合理。換句話說，或許你會預期，從報紙隨機抽選一個數值，其首位數等於1和等於9的機率應該很接近才對。

怪的是，實際上並非如此。事實上，從頭版隨機抽選的數值，首位數比較可能為1，較不可能是其他數字。其中幾乎近半的首位數都是1或2，而且愈大的數值，就愈不可能出現在數字前面，首位數等於9的數字相當罕見。只要你蒐集充分結果，就應該會發現，其比例會逐漸接近以下分布：

首位數	出現機率
1	30%
2	18%
3	12%
4	10%
5	8%
6	7%
7	6%
8	5%
9	4%

報紙的數值都是從不同報導中抽選出來，並無從預測，那又怎麼能如此精確預測出這些數值？這種怪異數值分布，是根據眾所周知的「班佛定律」（Benford's Law）來測定。1939年，美國奇異電氣公司的工程師法蘭克・班佛（Frank Benford）提出一項奇特的觀察報告。他在閱讀都市人口統計數字時，發現首位數為1的數值，遠多於以其他任何數字為首位的數值。他更深入鑽研，結果發現這也見於股價、河川長度和運動統計數字。事實上，日常生活中的一切數值集群，幾乎全都一體適用。

最後發現，班佛定律可以運用在一切狀況，其必要條件是數值樣本必須夠大，而且有關數字並不受到某種定則，或狹隘極限的約束。舉例來說，電話號碼位數只能有七位或八位，因此並不服從班佛定律，成人男性的身高也不符合這種模式，因為幾乎所有男性的身高，都是介於150到180公分之間。然而，只要把這些除外狀況謹記在心，這項定律的威力就相當驚人。

用數學也能偵測騙局？

　　班佛定律在一九九○年代初期就一炮而紅，進入騙局偵測領域。當時有位會計學講師馬克‧尼格里尼（Mark Nigrini）要學生找一家他們認識的企業，前往檢視公司帳冊，目的是要他們自行驗證首位數字的預測分布。一位學生決定以一位姻親所經營的五金行為對象，結果令人驚訝，他發現數字分布和班佛定律完全不符。在這個案例中，首位數字為1的數值佔了百分之九十三，而照預測結果應為百分之三十。其餘數值的首位數，則都為8或9。

235

　　這項差距十分龐大，暗示帳冊數字肯定有誤。事實上，結果讓所有相關人士都感到尷尬，那位學生意外發現，他的親戚一直在捏造數字作假帳。

　　班佛定律就從這個小小開端，發展成為許多會計人員用來檢測詐欺的正式工具，這個方法十分簡便，令人津津樂道。偶爾它也會成為流行話題，好比「亞利桑那案」，該案被告的付款支票，有太多張的金額首位數字為8和9。表面上，這些金額本身都沒什麼疑點，不過，整個看來卻與班佛定律預測的下降曲線不符。實際上，捏造數字的人經常會炮製出這種模式，他們所虛構的金額總數，通常剛

好是低於某項重要門檻，好比一百鎊，而超過門檻或許就必須由更高層級批准。他們這樣做便扭曲了數值的自然模式，也留下蛛絲馬跡，於是審查人員便能看出事情有異。

| 知 | 識 | 補 | 給 | 站 |

「班佛定律」爲什麼能有效抓出造假數字？

班佛定律的證明法很難領悟，不過這裡就採用一種檢視法，來驗證爲什麼它或許爲真。

想像你在籌備抽獎活動，到時你要從帽子裡隨機抽出一個號碼。如果你只賣出四張彩券，分別爲1、2、3、4等數字，接著就把彩券擺入帽中，中獎號碼的首位數爲1的機率有多高？當然是四中取一，或爲百分之二十五。

現在，如果你開始銷售較高數字的彩券，包括5、6、7等等，那麼你抽出1的機率便會下降。最後當你賣出九張彩券之時，機率便降到九中取一，或爲百分之十一。但是，當你增添彩券號碼10，這時十張彩券之中，就有兩張的首位數爲1（也就是1和10），於是抽出首位數爲1的機率，便提高到十中取二，或爲百分之二十。彩券張數增加，這項機率便會繼續攀升。最後當你販賣11、12、13……直到19號彩券之時，機率便會達到 $\frac{11}{19}$，或爲百分之五十八。隨後當你增加二十幾、三十幾和更高號數的彩券，你抽出首位數爲1的機率，便再次下降，因此當你納入數字1到99，便只有 $\frac{11}{99}$，或百分之十一的機率，會抽出首位數爲1的彩券。不過，若是你擺入超過一百個數字呢？你的機率又

會提高。等到你納入 199 張彩券，中獎彩券的第一位數為 1 的機率便為 $\frac{111}{199}$，也就是又高於百分之五十。

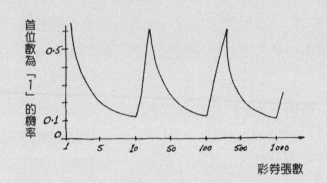

首位數為「1」的機率

彩券張數

你可以自行繪圖標示這種遊戲的中獎機率，縱軸是你抽出的號碼首位數字為 1 的機率，沿著底部則是賣出的彩券張數。

有趣的是，圖中折線顯示，當賣出的彩券張數增加，則機率便是介於百分之五十八和百分之十一之間。你不知道最後會賣出多少張，不過你可以看出，「平均」機率會落於這兩個機率值之間某處，這就是班佛定律的預測結果。班佛定律預測，數值首位數為 N 之精確機率值等於：log(N+1)−log(N)，其中 log 是以 10 為底的對數（即多數計算機的 log 按鈕運算值）。若 N=1，則預測值為 log(2)−log(1)，或為 0.301，也就是百分之三十點一。

太一致的統計數字反而不正常？

不只在企業中有騙子會動手腳，甚至在科學界也會有造假的情況。科學家始終免不了要承受壓力，希望研究結果能如人所願，或能符合贊助人的要求。這類結果通常能夠引起媒體關注，特別是產生諸如仙丹靈藥等發現時，因此他們會希望替統計數字加把勁。這種誘惑極強，想必偶爾也會有人沉淪。

這種現象不只出現於現代。一九五〇年代，心理學家席瑞爾・柏特（Cyril Burt）便熱切希望找出：智力主要是由基因還是養育所造就的？套用現代的表達方式，當時他就是在檢定智力是來自於先天遺傳或者是後天培育。他做檢定時，追蹤了自嬰兒期便分開的同卵孿生子，並比較雙方的智力測驗表現。由於樣本都是同卵孿生型，因此基因相同，只是所經歷的養育過程迥異。他還找到一群沒有分開，一起長大的異卵孿生子來做比對，後者的基因不同，養育過程卻幾乎完全一致。

柏特用來檢驗樣本群的統計檢定法稱為「相關係數」（correlation coefficient）。這種統計數所測量的是，兩項結果相隨變異的密切程度。就以戶外室

溫和冰淇淋消耗量爲例，兩項的相關性可能相當高。天熱時，許多人會買冰淇淋，而天冷時，需求量就很低。就另一方面而言，某日的冰淇淋銷售量和其他現象，好比同日利物浦的嬰兒出生人數，或許就沒有關連，兩個統計數彼此完全獨立。

　　就孿生子而言，如果基因是智力的主要影響因素，柏特就應該預期，分開長大的同卵孿生子，智力商數測驗的相關就會很高。換句話說，倘若先天遺傳決定你的智力，那麼不管你的家庭或學校爲何，都無阻於你發揮聰明才智。然而，如果養育更爲重要，那麼在相同家庭長大的異卵孿生子，相關程度就應該較高。

　　柏特的結果顯示，分開生活的同卵孿生子，相關係數要高得多。結果發現係數等於0.771，其上限值爲1.0，這個數值非常高，看來證據確鑿，足以證實基因才最重要。

　　但是，後來發展卻令人起疑。柏特又做了一次

實驗，證實他先前的結果，這次的同卵孿生子相關係數又是等於0.771。當然，這有可能只是巧合，不過審查人並不相信。科學研究結果始終要出現隨機高低波動，產生相同結果並精確到三位數字的機率，幾乎肯定要低於百分之一。於是英國心理學學會在柏特死後五年，根據這點和其他因素，判定他造假詐欺。這項結論是否公允，至今依舊沒有定論，不過，這無疑也顯示，若是你要偽造假結果，最好不要太一以貫之。

如何抓出誰向新聞界洩密？

　　另一種詐欺手法是匿名提供機密文件，向新聞界洩密。這對於文件的作者，肯定會造成嚴重困擾，至少當洩密者另有其人之時是如此。

　　幾年前，有家軟體公司設計出一種巧妙做法，可以用來標示文件，這就能夠幫忙追蹤洩密源頭。若是根據原版文件列印分發，則每份文件看來都會一模一樣。因此洩露文件的人就能安心派發，也有信心不會留下任何線索，指出究竟是誰犯的罪。然而，那種文字處理軟體經過改寫，每份文件的某頁底行，字間距離都各不相同。好比第一份檔案可能為：

This will almost certainly lead to an increse in unemployment.

第二份則或許為：

This will almost certainly lead to an increse in unemployment.

　　兩句看來似乎一致，不過，只要你更仔細檢視就會看出，第一句的「almost」和「certainly」兩字

的間距較寬，而第二句的缺口則是介於「certainly」和「lead」之間。空白間距可以當成獨特密碼，用來辨識每份文件的收件人。其實這是種二進碼，上述例句有十個字和九個間距，若是以0來代表普通間距，而以1來代表兩倍間距，那麼第一句的字間碼就為：

001000000

而第二句的字間碼則為：

000100000

採用九個0或1所組成的數串，總共可得512種不同組合。就多數文件而言，只要用上那種平實的句子，便保證能夠就分發清單上的每份文件，產生夠多的獨特字間碼備用。

只要找出被洩密的文件，便立刻能夠追出洩密來源。誰知道在這麼多年來，你收到的文件當中，有多少份就是採用這種方式來編碼？

有些劇本其實不是莎士比亞寫的？

偵探作業也跨足文學界。如今冠上莎士比亞大名的劇作，是否眞的都是他寫的？學者就此仍有爭議，同時也有愈來愈多人士，使用統計方法來探究某些作品的作者身分。

你要怎樣用統計方法，來分析假定爲莎士比亞的作品？

最簡單的做法，就是拿已知出自莎士比亞手筆的作品，計算他使用某些單字的頻率。特定單字較常出現，好比「world」、「naught」和「gentle」等字，另有些單字則從未現身，好比「bible」（聖經）一字（這個怪異現象常成爲通俗測驗節目的問題）。如果所調查的作品內含「bible」這個單字，立刻會有人提出質疑，認爲這不是莎士比亞的作品。而且事實上，不同單字的相對出現頻率，也可以直接做比較，來檢視各頻率是否遵循常見模式。

然而，談到著作人調查，其做法就遠比作弊判定更爲複雜。一九八五年，在牛津大學博德利圖書館發現了一首詩，標題爲〈予死乎？〉（Shall I die），手稿落款爲「WS」。這是不是莎士比亞（William Shakespeare）被人遺忘的作品？

243

　　調查展開。有項早期分析是根據單字使用模式，就莎士比亞的事業生涯演進來解析。結果發現，莎士比亞的每項新作品，總是會納入特定數目的新單字，在他的較早期作品中則從未出現過。（所幸，電腦能夠全面計算單字來證實這點，想像在電子時代之前，這類分析工作會有多乏味。）因此，當時才有可能預測，某件新作品中可能出現的新單字預期個數。如果字數過多，那麼狀況就相當明白，作者應該並非莎士比亞；完全沒有新單字，則看來就很可疑，好似有人太過努力，想抄襲莎士比亞的風格。

　　根據數學預測，〈予死乎？〉一詩應該包含約七個新單字，實際上檢驗則包含九個，已相當接近，這點可以佐證作者是莎士比亞。

　　不過，還是有人懷疑，這可不是因為那篇詩作不帶莎士比亞的風格，其他還有許多是針對所用文字進行分析。有位教授潛心鑽研，卻不檢視個別文字，而是分析單字之間的關連。這裡就舉例說明，為什麼能夠據此判斷。兩位作家使用「天」、「地」

| 知 | 識 | 補 | 給 | 站 |

如何揭穿學生是否考試作弊？

　　還有種詐欺的形式不同，卻同樣嚴重，那是發生在課堂上或考試大教室裡。每年都有學童或學生，因作弊嫌疑被人指責，通常他們都是設法抄襲鄰座同學的答案。作弊和其他詐欺舉止很像，通常也是有統計數值違反常態，於是才引發質疑。就本例而言，反常統計數值通常是指某位學生表現太好，超過他的預測應得分數。

　　這時就可以用上各種調查方式，包括拿涉嫌學生的答案，來和相鄰學生的試卷做比對。通常不必用到數學，就能斷定是否作弊。相鄰學生的試卷，若出現同一項錯誤答案，使用相同措詞，這時就足以定罪。不過，若是選擇題測驗，這時最好是設計一套做法，來比較有作弊嫌疑的相鄰學生所選定的答案，而選錯的答案很可能就是關鍵。若兩位嫌犯一再出現相同錯誤答案，這時巧合的機率就極低。

兩字的頻率或許相等，其中一位卻可能始終兩字相連使用，而另一位則總是單獨使用，這兩種模式就分別成為兩位作者的鑑別特徵。的確，我們也可以說，文字就像是DNA或指紋樣本，不過這個比喻必須謹慎看待，因為一個人的DNA永遠不變，而

他們的文章脈絡，卻有可能篇篇大爲不同。

根據單字關連檢定結果，顯然可以排除莎士比亞。不幸的是，這同樣也排除其他最有可能的作者人選，好比馬洛（Marlowe）和培根（Bacon），結果這項檢定也同樣無法令所有人信服。到頭來爭辯依舊持續，不確定這首十四行詩究竟是誰寫的。最近的見解似乎比較支持作者爲莎士比亞，不過，這還要看你是相信哪種檢定。

其實，許多統計檢定都可以用來分析文件，種類繁多，形式互異。還有些則納入句子平均長度和單字平均長度，甚至於還可以切割單字來做比較，例如：把文稿拆解爲五字母段落，並進行龐大數值計算分析，得出頻率和分布等模式。

這對犯罪偵防有沒有幫助？這至少能夠提供佐證。目前已經出現幾個案例，其中最富惡名的案例，就是美國郵包炸彈殺手。嫌疑犯寄出的郵件都經過比對，證諸他所寫的其他文稿，來檢驗兩者模式是否相符。然而，要眞正鑑識文稿的作者，看筆跡風格和拼寫錯誤會比較準確，光憑他所使用的單字並不可靠，而且分析幾百個單字還不夠，或許必須有幾千個才足以定罪，換句話說，法官不會只憑一個句子就宣判。

| 知 | 識 | 補 | 給 | 站 |

活用統計法也能贏得芳心？

　　有種統計檢定方式除了在科學界其他許多領域應用之外，文學分析人員也予以採納，這種統計法稱為「卡方檢定」（chi-squared test）。卡方檢定是將樣本的觀察次數（好比「聖經」或「不滿」等詞）拿來和預期數值互相比較。這項檢定的結論，是以機率百分比來表示，例如：在莎士比亞的文稿當中，預期出現我們在這裡所見之模式者，比例低於百分之五。這裡就舉出一項較為罕見的應用方式：早在 1980 年代，有位學生用卡方檢定來向羅氏公司（Rowentrees）證明，聰明豆（Smarties）巧克力包的封蓋內字母並非隨機分布。他用心蒐集字母，卻無法找齊拼出他的戀人名字。他的抗議贏了，收到幾包免費巧克力，同時也贏得佳人芳心。

247

還有多少詐欺事件逍遙法外？

任何偵測系統都有缺憾，也始終都有騙局注定要溜過法網。就算有些詐欺事件沒有被發現，實際上還是有可能根據被發現的人數，來估計有多少騙子逍遙法外。

計算騙子人數的技術，和校對人員會用上的文稿檢核法相同。大家都知道，打字排印錯誤有時很難校出，因此印刷廠有可能指派兩位校對，各自閱讀全文來尋找錯誤。

假設第一位校對找出E1項錯誤，而第二位所找到的錯誤次數不同，得E2項。這時他們便比較兩人的結果，並發現有些錯誤兩人都發現，計得S項。那麼他們可以預期總共應該有幾項錯誤？

有種方式可以做出合理估計，稱爲「林肯指數」（Lincoln Index），這項指數說明，原稿中的錯誤總數約爲：

$$預期錯誤數 = \frac{E_1 \times E_2}{S}$$

例如：假定第一位校對發現十五項錯誤，第二位發現十二項，而且有十項錯誤是同時被兩位發

248

現，按林肯指數預測總共有 $\dfrac{15 \times 12}{10} = 18$ 項錯誤。但至此只發現其中的十七項——兩位校對同時發現的十項，加上只有第一位校對發現的五項，再加上只有第二位發現的兩項。

這種技術同樣也可以在其他行業使用，好比稅務稽查員便可以藉此技術，來估計有多少不實稅務表格矇騙過關。這時就可以令兩位稽查員分別檢核同一疊表格，並找出有嫌疑的部分。如果第一位辦事員找出二十份，第二位找出二十四份，而且有十二份是兩位都找到的，因此這兩位稽查員合力找出了三十二份有嫌疑的申報表。而林肯指數暗示，總共存在有 $\dfrac{20 \times 24}{12} = 40$ 份嫌疑表格，這就表示約有八份已經逃過檢核。

就我們所知，這項技術還不曾被採納作為詐騙偵測用途。不過，若能就此做個檢定，應該會很有趣。事實上，把這項技術納入前面所討論的其他手段，就足以讓我們所有人都成為業餘偵探。

249

▶ 第 **13** 章

弱者能贏嗎？

. . . .

　　電視節目主管多盼望隨時都有精彩的比賽畫面，因為這是令收視人數暴增的要素。運動主管機構也熱愛比賽時出現的緊要關頭，因此多年以來，他們並不反對在規則中的各項條款做點古怪變化，讓比賽能夠在短暫期間，有機會出現更多刺激鏡頭。那麼出現精彩運動畫面的關鍵要素為何？

　　有些運動項目，似乎更容易出現弱方獲勝，機率遠超過其他運動項目。足球界便有許多原本不看好的弱方獲勝的實例，同時在板球、網球和高爾夫球界也有這類例子；但是，英式橄欖球、田徑、划船等，劣勢者獲勝的情況就很少見，這其中隱藏著什麼道理呢？

. . . .

【有趣的謎題】

● 出現精彩賽事的關鍵是什麼？

● 為什麼弱方不會永遠屈居劣勢？

● 保持領先未必能贏得比賽？

● 落後選手扭轉頹勢並領先對手的機率有多高？

● 如何訂定既公平又精彩的比賽順序？

● 如何快速計算淘汰制錦標賽所需的比賽場次？

出現精彩賽事的關鍵是什麼？

所有人心中都有一段最難忘的運動畫面。或許是一九六六年世界盃英國隊擊敗德國隊，也可能是約翰・馬克安諾（John McEnroe）和畢勇・柏格（Bjorn Borg）平局取勝的精彩畫面，或者是史帝夫・雷德格雷夫（Steve Redgrave）的第五面奧運划船金牌。

電視節目主管多盼望有這種精彩畫面，因爲這是令收視人數暴增的要素。運動主管機構也熱愛這種緊要關頭，於是多年以來，他們並不反對在規則中的各項條款做點古怪變化，讓比賽能夠在短暫期間，有機會出現更多刺激鏡頭。

那麼出現精彩運動畫面的關鍵要素爲何？只要你瀏覽所有重大片刻，肯定會看出某些主題似乎總要一再出現。

群衆都愛看到弱方獲勝，英國民衆更是如此。一九七三年，森德蘭隊在足總盃（FA Cup）決賽時，擊敗實力堅強的里茲隊，全國百姓皆所矚目。而且每年也都有名不見經傳的英國選手，在溫布頓比賽擊敗強勁對手，隨後又被人淡忘。還有在一九九七年的歐洲萊德盃（Ryder Cup）高爾夫球賽，

有支不被看好的球隊，竟然制伏了強大的美國隊。

　　儘管就這課題而言，好像也談不上什麼艱澀的統計學，不過有些運動項目，卻似乎更容易出現弱勢一方獲勝，其機率超過其他的運動項目。足球界有許多原本不看好的弱方獲勝的事例，同時在板球、網球和高爾夫球界也有這類例子。但另一方面，英式橄欖球、田徑、划船和其他許多運動項目，劣勢者獲勝的情況就很少見。

　　檢視這種可能現象的成因之前，我們有必要先界定什麼叫做「弱方」。由於弱方獲勝的機率並不高，或許你會把他們定義為：「不被博彩業者看好的選手或隊伍。他們的獲勝機率很低，或許還不到百分之十。」但是，如果參賽者不只兩隊，那麼這項簡單定義就不適用。在英國馬術障礙大賽當中，就算是最被看好的馬匹，其獲勝機率也大約只達百分之十。

253

　　不論如何，看來以機率來定義弱方並不恰當。假定我們定義弱方是獲勝機率只達百分之一的參賽隊伍，那麼我們也該預期，在所有運動項目當中，弱方獲勝的次數都應該相等（也就是說，他們有百分之一的次數能夠獲勝）。然而事實卻是，就某些運動項目，弱方獲勝的次數會遠超過其他項目。

　　因此，接下來我們並不採獲勝機率來定義弱方，而是根據他們和對手的相對「弱勢」為標準。有些運動項目對弱者毫不留情，他們完全沒有勝算。然而，另有些項目則對弱者寬容得多，這要歸

功於計分形式；有時則是由於時來運轉、僥倖得勝。這些運動項目的弱方，比較有機會攀上頂峰。

網球就是個好例子，這項運動的最優秀選手，不見得都能獲得應有的榮譽。如果你真的希望技巧較好的選手都能贏得比賽，那麼你的計分系統就應該是類似「最先獲得一百點的獲勝」。如此則瑪蒂娜‧辛吉斯（Martina Hingis）就每次都能打敗安娜‧庫尼可娃（Anna Kournikova）。不過這樣一來，網球就會變成非常無聊的運動（參見後面的討論）。

實際上網球不採取此種做法，而是將一輪主要錦標賽中的一百點或更多點數，畫分為「總點」（big points），較常見的說法則是「盤」（sets）。不管一位選手是以六勝零負，或者是七勝六負贏得一盤，他們還是只算打贏一盤。由於網球比賽採用這種算法，常見有些選手的點數較少，卻依舊獲得錦標。而事實上，理論也有可能出現，某位選手儘管得點幾乎兩倍於對手，卻依舊敗北。假設提姆‧韓曼（Tim Henman）在一盤比賽中以6-0、6-0、6-7、6-7、4-6落敗，若是你熟悉網球計分規則，就可以算出他在每場比賽和整個錦標賽程中，有可能出現的輸贏極端點數。輸家韓曼有可能以158點對86點懸殊比數「贏得」錦標。這是否就是一切運動項目之中，有可能出現的最高輸贏比數？

如果運動競賽的得分機會很低，這時也對弱方有利。在所有運動項目之中，足球算是得分數最低

254

的項目之一。典型的比賽常只有兩、三次入門得分，但是，出現攻門機會的次數，卻遠多於得點。或許我們可以說，出現攻門機會的次數，直接反應了隊伍的技巧，而將機會轉換爲得分次數，則比較要靠運氣，儘管這個講法略顯簡略，倒是有幾分事實。假設，埃弗頓隊原本預期能以15比4的機會點數取勝彼得堡隊。不過，如果每次碰到攻門機會，約只有五中取一的機率還能入門得分，這就表示前述預期結果，最後比較可能爲3比1，輸贏比數只差兩分。然而當幅度只有這麼小，根據隨機變異現象，這便很有可能成爲2比2平手，或甚至爲2比3落敗。

此外還有一種可能對弱方有利的重大因素，那就是特別幸運或僥倖事件。一九六七年，一匹名叫富雅納旺（Foinavon）的賽馬贏得英國「全國越野障礙賽馬大賽」（Grand National）冠軍——其實牠的排名居於劣勢，賠率爲100比1不被看好。幾乎只要所有馬匹全都完成賽程，富雅納旺便毫無勝算。然而，那次比賽卻有二十匹馬在一道籬笆前跌

255

倒或不肯躍過。富雅納旺落後其他賽馬太遠，卻因而避開了那陣混亂場面，結果便一路暢行獲得勝利。在那次事例中，弱方處於無望狀況，反而變成一項巨大優勢。

賽車也經常會發生意外，而車輛也常會出毛病，這是隨機發生，而且強弱隊伍受衝擊的機率相等。國際汽車大賽若有不被看好的車隊獲勝，幾乎總是由於駕駛技術以外的因素，讓領先者無法完成比賽所致。

高爾夫比賽也會受到厄運影響，所造成的衝擊也並非平均出現。某些高爾夫球場有許許多多的障礙，就以一九九九年的卡諾斯帝賽程爲例，在那處球場，就算是技巧高超的高爾夫球手，也非常可能把球擊入沙坑，或打入亂草區找不到球。在這種狀況下，講技巧的競技（好比西洋棋）就會變成碰運氣的遊戲（更像是蛇與梯棋盤遊戲），而且後者的狀況愈常出現，較弱勢選手勝出的機會就愈高。

為什麼弱方不會永遠屈居劣勢？

當然，這或許只是所謂的弱方實際上並不弱。有種可愛的講法，可以闡述我們為什麼會被唬過，以為某支隊伍較弱，實際上卻不然。

請看底下的論據。由於10大於7（以下用「＞」符號）而7＞3，當然可以推出10＞3。同時這也可以廣義表示為：若A＞B且B＞C，則A＞C，這就稱為「遞移」（transitivity）。

257

有時候我們會做出錯誤假設，認為遞移也適用於其他情況。例如：若A隊通常能打敗B隊，而B隊則通常能打敗C隊，那麼A隊肯定通常能打敗C隊？不對。這裡就製作四個骰子，分別代表四支足球隊，並用來找出違背這種常態的狀況。在骰子的六面上，分別繪製下表所示的數字。例如：兵工廠隊的骰子，必須有四面為4，且兩面為0；新堡聯隊的骰子的每一面都應該畫上3。

根據這種相當虛假的模擬，當兵工廠隊和新堡聯隊交手，只可能出現兩種比數：4比3，兵工廠隊獲勝；或者3比0，新堡聯隊獲勝。如果你就這兩支隊伍玩幾次骰子對抗，其中就約有三分之二的場次，會是兵工廠隊獲勝。

隊伍	六面上的數字					
兵工廠隊	4	4	4	4	0	0
新堡聯隊	3	3	3	3	3	3
南安普頓隊	6	6	2	2	2	2
溫布頓隊	5	5	5	1	1	1

　　新堡聯隊和南安普頓隊對壘時，新堡聯隊會以
3比2獲勝，否則就是南安普頓以6比3獲勝，而就
本例而言，新堡聯隊約有三分之二的場次會贏。

　　南安普頓隊和溫布頓隊交手的可能結果種類較
多：6比5、6比1或2比1，南安普頓隊獲勝；或
是5比2，溫布頓隊獲勝。這次又是南安普頓隊在
賽程的三分之二場次得勝。

　　兵工廠隊通常能擊敗新堡聯隊，新堡聯隊擊敗
南安普頓隊，而南安普頓隊則能擊敗溫布頓隊。因
此，兵工廠隊當然可以擊垮溫布頓隊？這句話不適
用於這種比賽，他們不能獲勝。擲出兵工廠隊的骰
子，和溫布頓隊對陣，怪得是，溫布頓隊能夠在賽
程的三分之二場次中獲勝。

　　這是非遞移系統的一個例證。而且果真有機會
讓兵工廠隊和溫布頓隊實際上打一場，或許也有可
能出現類似結果。

保持領先未必能贏得比賽？

　　強弱懸殊的比賽幾乎毫無精彩可言。在英式橄欖球比賽之中，英國隊以50比0擊敗日本隊，這實在沒什麼刺激的。比數接近的比賽才令我們念念不忘，特別是當雙方你來我往互有領先，直到最後才分出勝負。

　　如果某隊的實力超過另一隊，那麼一旦確立超前地位，就很可能會一路領先到底。不過，如果對壘雙方實力相當，那麼相互超前的頻率，就要看這種領先狀況，對雙方相對實力的影響而定。你來我往的局面較常出現在某些運動項目，其他項目就較為罕見。在比賽中領先，對某些隊伍會產生影響，對其他隊伍則沒有作用。

259

　　在兩種著名的賽事中，確立超前地位實際上還讓領先者的實力增強，其中一種便是牛津對劍橋的划船比賽。就本例而言，一旦有艘划艇領先相當距離，實際狀況就有利於超前隊伍，因為他們得以搶佔中央水道，這時就幾乎沒有聽過有反敗為勝的場面。摩納哥F1方程式大賽也是如此，這是由於要超前十分困難。即使足球賽也會出現這種傾向，射門得分後，領先隊伍就改採守勢，於是在這場比賽

落後選手扭轉頹勢並領先對手的機率有多高？

　　想像有條很長的直線道路，中央畫了一條線，道路左側有道樹籬，右側則為溪流。醉漢從道路中間開始，想要沿著道路步行前進，他每踏出一步，都會隨機向左右搖晃偏移，兩個方向的機率相等。這時立刻會浮現一個問題：「他走多遠就會跌入樹籬或溪流之中？」當然，這要看他向左右走幾步，就會到達路邊。不過，如果邊緣距離中央N步，那麼最後結果便是：平均而言，他要走N^2步，就會走完這趟路程。不過最後的步數有可能較少或較多。

　　這位醉漢的前進方式稱為隨機漫步，這是種隱喻象徵，代表各式各樣的有趣機率問題，包括運動。上述跌入樹籬的例子，就是網球比賽平手狀況的直接類比，就此情況而言，比賽要分出勝負有兩種做法（相當於醉漢跌倒）。就網球比賽而言，如果兩位選手的每次得點機率都為50比50，那麼這次殘局就要2^2點（也就是4點）才能分出勝負。

　　有關醉漢還有第二個問題：「他沿路會跨越白線幾次？」這就等於問：「撞球比賽時，落後選手扭轉頹勢並且領先對手的機率有多高？」倘若比賽進行F局，而選手實力相當，則最後答案就為平均約等於$\frac{(\sqrt{F})}{3}$。那麼，打了九局之後，反敗為勝的預期次數便只等於一，超過一百局時，反敗為勝的平均次數便約等於三，低於直覺預估的次數。

之中，要再出現射門得分的機會就降低了。

　　然而，就其他情況而言，確立領先地位，對隨後的賽況有可能就幾乎毫無影響。這種狀況可以用統計來分析，統計學家稱之為「隨機漫步」（random walk，參見前頁的「知識補給站」）。隨機漫步的部分數學運算很複雜，不過其結論卻是有趣的教材，一旦某方確立領先地位，則由隨機漫步分析可知，相互超前的機率會相當罕見。

　　隨機漫步理論還有另一項結論，那就是當比賽勢均力敵時，只要能持續領先直到賽程的一半，隨後就有百分之五十的機率，能夠繼續領先到比賽結束。這夠不夠產生精彩刺激的下半場？或許剛好足夠。然而，那種牛津對劍橋的划船比賽並不屬於隨機漫步，半場階段的領先隊伍，在隨後賽程之中，還能保持領先的機率超過百分之九十。因此，這種比賽剛開始時很緊張，到最後卻經常乏善可陳。

　　有種做法可以提高在比賽將屆終場時，發生局勢逆轉的機率，那就是增加比賽較後段的點數。如果在比賽最後十分鐘階段，每次得分都計算兩點，這時競賽後段的局勢逆轉次數就會增加。有趣的是，電視競賽遊戲節目就是這樣運作，就以英國第四頻道的《倒數計時》（Countdown）節目為例。選手在比賽過程中每輪所產生的單字，大部分都只得 5、6 點，不過到了最後一輪，也就是「回文字謎」（the Conundrum），答案的價值就為 10 點，這讓尾隨的選手，有機會在最後一搏勝過對手。

261

兒童小說還提出了更極端的例子，使得比賽到最後階段，每次得分都可以獲得不成比例的點數。《哈利波特》（*Harry Potter*）小說中提到一種巫界運動叫做「魁地奇」，每次進門可得10點，不過若是在比賽尾聲逮到「金探子」，就可以得到150點。因此，若有支隊伍要靠射門得分來影響結果，就必須領先至少十五次射門得點，而在前幾集《哈利波特》書中，卻沒有一次比賽的結果接近這個比數。因此，逮到金探子幾乎可說是贏球唯一關鍵，不過射門得分差數，也可能產生影響。

提高比賽較後階段的得分點數有項缺點，那就是最後會抵銷初期階段的點數。比賽會變成只靠最後一圈衝刺，其他部分就幾乎毫無意義，於是參賽者首先會慢慢順著跑道沉著繞行多圈，到了緊要關頭才繞圈狂奔。至今，運動主辦人員還不打算在比賽最後階段納入較多點數，不過或許將來有一天會實現。

如何訂定既公平又精彩的比賽順序？

　　或許民眾會喜歡看弱方獲勝，不過最重大的運動事件，通常卻是兩強對陣，特別是如果比賽獲勝，便能獲得最高獎項或金牌之時。

　　錦標賽要發展出精彩的冠軍決賽，最理想的做法就是採淘汰制，足總盃便是採用這種制度歷史最悠久的賽事之一。足總盃的每輪比賽，都要先從袋子裡抽籤，來隨機決定比賽隊伍。這就表示，有可能離決賽之前還早，就抽出兩支「強隊」彼此對壘，於是其中一隊便會在初期階段被淘汰。同樣地，弱隊也可能幸運被抽出和其他弱隊對抗，因此便得以在錦標賽中過關斬將，其實若是單憑他們的實力，根本是毫無勝算。

　　因此，淘汰制並不保證兩支最佳隊伍會在決賽交手。事實上，最佳隊伍會在決賽中對陣的機會，向來都不超過三中取二，就算兩支隊伍都打到準決賽亦然。

　　假定流浪者隊和塞爾提克隊兩支強隊都晉入四強，另外兩隊則是「小魚」——福克爾隊和阿洛亞隊。這時要從帽子裡抽選隊名，底下是可能的準決賽隊伍：

263

| 流浪者隊與塞爾提克隊交手 | 福克爾隊與阿洛亞隊對陣 |

或 | 流浪者隊與福克爾隊交手 | 塞爾提克隊與阿洛亞隊對陣 |

或 | 流浪者隊與阿洛亞隊交手 | 塞爾提克隊與福克爾隊對陣 |

　　這三組賽程的發生機率相等，而其中有一組是流浪者隊和塞爾提克隊對陣。因此流浪者隊和塞爾提克隊在決賽時交手的機率為 $\frac{2}{3}$，這要假定兩隊都幾乎肯定能打敗其他各隊。

　　在錦標賽程開始之初，各明星隊伍就抽籤分歸兩組的機會還要更低。如果淘汰賽進行到剩下八隊，任意選定兩隊並抽籤分歸兩組的機率為 $\frac{4}{7}$，或約為百分之五十七。如果有十六隊，那麼機率便降到 $\frac{8}{15}$。事實上，若剩下 N 隊，兩隊分屬不同組別，最後才在決賽交手的機會便為 $\frac{N}{(2N-1)}$，當 N 為大數，則機率趨向於百分之五十。因此，在所有錦標賽中，流浪者隊和塞爾提克隊便大約有半數的機會，不會在決賽時對壘，而是在較早階段就交手，當然這要先假設，他們沒有一隊已經先被淘汰。

　　這個意思是，淘汰制錦標賽帶點樂透的味道，採這種賽制，最強的隊伍不見得都能得到最高獎賞。有些運動項目採取某些措施來矯正這項缺失，例如：溫布頓網球錦標賽便是挑出最佳選手為種子球員（上次是三十二人），並設計抽籤方式，讓這些選手直到錦標賽最後三十二場次才相互對壘。此外，前十六名種子選手，也分屬不同抽籤組別，等

到最後十六場次才會交手，一直到頂尖兩位種子選手，他們分屬兩個抽籤組別，在決賽之前都不對壘。結果非種子選手要打到網球決賽便極爲罕見，甚至晉入最後四強都很難。至於足總盃就不同了，曾有幾次出現不屬於超級聯賽組的球隊踢進準決賽階段。

要找出最佳隊伍，「聯盟」始終是最公平的做法，幾乎無出其右。聯盟內的各個隊伍，都必須和其他所有隊伍對陣至少一次。聯賽的最理想高潮安排，是由當季兩支最佳隊伍晉入決賽，不過，由於聯盟賽程是在季節之前預作安排，因此很少出現這種情況。

然而，有些運動項目在季節結束時舉辦季後賽，將聯盟制的公平性，以及淘汰賽的精彩特性成

265

| 知 | 識 | 補 | 給 | 站 |

如何快速計算淘汰制錦標賽所需的比賽場次？

把資格賽算在內，足總盃共有596支參賽隊伍；溫布頓有282位男子單打比賽選手。在這兩種項目之中，最強的參賽者都要到最後階段才會上場，就靠這項有限資訊，你多快能夠算出，這兩項錦標賽各有多少比賽場次（重賽不計）？

答案簡單得讓人驚訝！淘汰制錦標賽的比賽場次，始終比參賽者數目少一，於是足總盃便有595場，而溫布頓則為281場。其原因為，每次比賽便淘汰一位選手或隊伍，而到了錦標賽最後，便只剩下冠軍尚未被淘汰出局。

功結合起來。通常，聯盟裡的少數最堅強隊伍，都會晉入淘汰賽階段，這種安排是要讓頂尖兩隊到賽程最後才會遭遇。不只是國際足球聯盟世界盃（FIFA Cup）採用了這種「聯盟／淘汰」混合制度，美國還有許多團隊運動項目，也採行作為賽程安排基礎。或許管理當局並不能保證會出現震撼高潮，不過，他們知道該怎樣讓所轄項目，有很高的機會產生精彩比賽。

第14章

為什麼卡拉OK的歌聲這麼難聽？

為什麼有這麼多人唱卡拉OK都要命地難聽？究竟是歌聲有問題，還是音樂太糟糕？你知道世上除了有美妙的樂曲外，也有令人戰慄的魔鬼音嗎？我們所熟悉的八度音、十二音，到底是怎麼產生的？關於音樂與數學間的傳奇祕密，本章將對你娓娓道來。

【有趣的謎題】

● 為什麼有些聲音聽不到？

● 耳朵怎麼分辨出「難聽」與「悅耳」？

● 如何奏出好聽的組合音？

● 以噪音克制噪音，真的有效？

● 和諧音的規則是用榔頭敲出來的？

● 十二音是怎麼來的？

● 史上最早的音階系統是什麼？

● 世上真有魔鬼音？

● 荒腔走板的歌聲也有可能是天籟美聲？

為什麼有些聲音聽不到？

卡拉OK伴唱機的發明人著實帶來許多問題。在伴唱機發明之前，多數業餘歌手都只是在浴室表演。如今，麥克風在手，還有伴唱音樂提供的精神支持，受他們荼毒的聽眾人數便大幅增加。

為什麼有這麼多人唱卡拉OK都要命地難聽？當然，原因不外是那些人都唱得荒腔走板。用另一種講法就是：從卡拉OK歌手喉頭發出的聲音，和伴唱音樂的音相衝（或是說與聽眾腦中預期要聽到的音相衝）。

270

有幾項因素可以判定卡拉OK歌手所唱出的聲音是否走調，有些和我們文化審美觀的期許有關，有些則是與腦部詮釋聲音的做法有關。不過也有部分原因可以用數學來解釋，而這些因素就是本章的主要課題。

一切都要從曼妙的「正弦波曲線」（sine wave）談起……

隨便找個人，然後請他想出一道波形，他們最可能想出的通常是穩定起伏形狀，好比海上的波浪。其中最簡單的就稱為正弦波，形狀如下：

順道一提，正弦（sine）的字源是拉丁字sinus，意思是「灣」，正弦曲線看來就有點像岸邊的海灣。而事實上，正弦波也是最基本、最重要的波形，真實世界中的許多情況，都會產生這種形狀。例如你把重物吊在彈簧上，再把它向下拉，接著一鬆手後，重物就會上下彈動。

271

把重物和中央位置的間距，對時間標繪成圖，看來就是這樣：

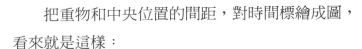

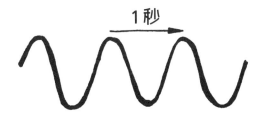

就此例而言，波峰之間的時段區間就相當於一個週期，也就是一秒鐘。每秒週期數稱為波的頻率（frequency），因此本例的頻率便為每秒一週期，或1「赫茲」（常寫成「Hz」）。

正弦波也經常可以由圓周運動產生，只要你搭乘千禧年摩天輪[1]，並就你的離地高度對時間標繪圖示，就可以畫出以下圖形：

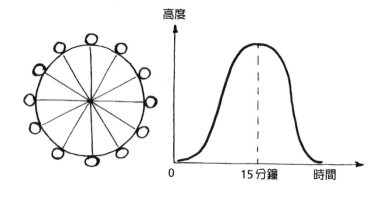

把摩天輪某個座艙在不同時間的位置標繪成圖，就會畫出正弦波。而且，由於搭乘摩天輪一圈約需半小時，這道波的頻率就為每三十分鐘一個摩天輪週期，也就是每一千八百秒一週期，或約為0.0006赫茲。

任何振動或週期現象，都會射出脈衝穿過大氣，使空氣分子前後移動，這與彈簧掛上重物相仿。這類脈衝就是聲波。人類的耳朵能夠感測到這

註[1] 英國於千禧年架設完成的「London Eye」摩天輪，是目前世界最大的摩天輪，高度達一百三十五公尺，可載客八百人，周轉一圈需三十分鐘。

類聲音的頻率必須介於約20赫茲（非常低的音）到20,000赫茲（高音尖哨聲）之間。千禧年摩天輪以及掛在彈簧上的彈跳重物，由於其頻率都太低，所以我們的耳朵感測不到。不過，倘若彈簧力量更強，或者摩天輪改以令人作嘔的高速呼嘯轉動，那麼兩者就都會產生人耳聽得到的聲音。這種聲音就會像是音叉發出的聲響，或是把手指沾濕，沿著精緻酒杯邊緣摩擦所發出的刺耳聲音。

其他的振動物體也全都會發出聲音，例如：蜜蜂的雙翅、敲擊平底鍋和電動刮鬍刀。振動頻率愈高，音調就愈高。還有，由於集結不同的音調後可以產生曲調，因此只要妥善組合蜜蜂、平底鍋和電動刮鬍刀的聲音，你就可以奏出一首貝多芬〈第五號交響曲〉——你可以分辨出曲調但聽起來卻相當古怪——也可以組成其他任何曲調。

273

由上述的另類樂器所產生的波形都很複雜，不過到頭來，正弦波仍是其中一切波形的基礎。法國人傅立葉（Fourier, 一七六八～一八三〇）有一項驚人成就：他發現一切的波，不管外形多麼不規則，都能夠以各種不同的正弦波來組合構成，舉例來說，其形狀可能如下：

　　難就難在要能夠想出，你究竟需要採用哪些正弦波來累加構成。上面的圖示曲線，或許是由十道或更多道波所構成，每道都有不同的頻率和振幅，不過找出這些波的必要分析做法則遠超出本書範圍（卻不見得超出我們的聽覺能力）。

耳朵怎麼分辨出「難聽」與「悅耳」？

　　就算對傅立葉一無所知，人類的耳朵依舊能夠聽到聲波，還能在某個程度上予以分解、拆散成正弦波的組成元件。例如當你同時聆聽三部錄音機發出的音調，儘管用來偵測聲音的示波器會顯示你的雙耳所聽到的是外形複雜的組合波，但說不定你還是有辦法辨識出三種不同的聲音。

　　不過，就算雙耳善於辨識聲音組合，但這方面的功能卻不算理想。如果有頻率相等的兩種純音同時發聲，人類的耳朵只會測到單一聲音。耳朵只有在頻率相差夠大時，才能聽出不同。這裡就稍微介紹一下其中所產生的現象，不過這之中會牽涉到的精確頻率範圍，那就需要同時看個人（有些人的聽覺比旁人的靈敏）和所聽到的頻率層級而定。

275

　　如果兩頻率的差異極小，好比小於1赫茲，那麼耳朵就只能聽出一種音調，同時也會覺得相當悅耳。專業交響樂團中的兩把小提琴，永遠不可能奏出完全相同的音，不過兩種音調十分接近，幾乎沒有人能夠聽出其中的差異。

　　如果兩音調之差是介於1到10赫茲之間，那麼耳朵所感測到的組合聲音，就會是音量高低起伏的

單一音調，這種現象稱爲「拍音」（beat）。

如果音調的差別介於10到20赫茲之間，就會產生刺耳聲音，這部分是由高頻拍音所發出的。耳朵一點都不喜歡這種聲音！事實上，這種頻率差是介於特定臨界範圍內，因此會發出刺耳聲音。相信這就是一般人所稱的「難聽」，也是所有不同文化的音樂，共同認定不好聽樂音的基礎。

哎呀，
難聽死了！

當頻率差超出臨界範圍，好比20赫茲，那麼耳朵就可以清楚區辨兩者的差別，並相當能夠接受兩音調的組合聲音，不過並不見得都會悅耳。

這項簡單的理論暗示，只要頻率差夠大，同時奏出的兩個純音聽起來應該會不錯。但這是否表示，卡拉OK的差勁歌手也不知道怎麼回事就荒腔走板得恰如其分，所唱出的頻率恰好落入臨界頻帶，結果就和背景樂音完全牴觸？部分答對！但是，歌手的喉頭所發出的音，並不是純粹的正弦波。這些音都是由許多不同的頻率所組合構成，而且就算頻率相差很大，這類不純的音還是會產生不和諧的嘈雜怪聲。

如何奏出好聽的組合音？

不管是撥奏、敲擊或吹奏樂器，都會發出其自然頻率的音調（即「基音」，base note）。然而，樂器也會同時發出其他頻率的音調，這類其他頻率就稱為「泛音」（harmonics）。製造精良的樂器，好比長笛和吉他（刮鬍刀和平底鍋就不算……）所發出的泛音，都是其基本頻率的簡單倍音。因此，如果撥弦產生的基礎頻率為100赫茲，那麼這條弦也會發出頻率為100赫茲之倍數的較弱樂音。

277

基音	第一泛音	第二泛音	第三泛音	第四泛音	等等……
100赫茲	200赫茲	300赫茲	400赫茲	500赫茲	……

基音和泛音全都是純粹的正弦波，不過其組合產生的波形，看來就更為複雜，這是累加各個泛音所自然形成的波。舉例來說，彈奏鋼琴所發出的音，就是由這類泛音所構成，相對於用手指繞擦酒杯所發出的聲音，鋼琴的音色聽起來會「渾厚」得多。如果你在鋼琴上用力彈奏單鍵，那麼除了這個主音之外，或許你還能夠聽出音高較高的背景音。但就長笛而言，基音就明顯得多，而其中可聽到的泛音就非常少。不管是哪種樂器，你都不太可能聽

| 知 | 識 | 補 | 給 | 站 |

以噪音克制噪音，真的有效？

　　若同時產生兩道聲波，兩波實際上就可以相加。將兩個相等的純音相加，就會產生一個相同頻率的音，而且較為響亮！

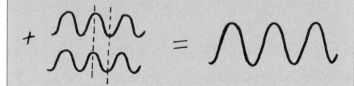

　　上列音波的波峰、波谷之出現時機一致，或稱為「同相」。就算兩者並不同相，只要將兩道一致的正弦波相加，都會結合產生另一道相同頻率的正弦波。

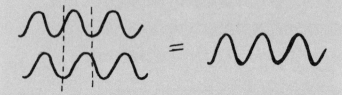

　　如果一道波的波峰和另一道的波谷重疊，這時將兩者相加，就會彼此完全抵銷。

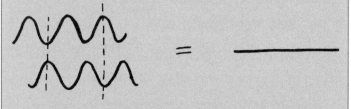

　　將這兩個音結合後，實際上是一片寂靜。工程師便採用這項原則，來製造反噪音機──那也是一種噪音產生器，但是它能夠發出形狀一致卻上下顛倒的聲波，便可以降低環境中的聲量。

到第四泛音之外的任何聲音。

　　如果聆聽同時奏出的兩個音又會如何？這時你就會聽到兩個音的最低頻率，以及所有泛音的組合音。這種組合音有時很好聽，特別是當音符的相對弦長或管長為小整數（small whole numbers）的比例，好比 $\frac{2}{1}$ 或 $\frac{3}{2}$。這裡就說明原因，以下為三條弦所發出的泛音，一條是全長、一條為半長，另一條的長度則為三分之二。

　　最長的弦會發出以下泛音：

基音	第一泛音	第二泛音	第三泛音	第四泛音	第五泛音
100赫茲	200赫茲	300赫茲	400赫茲	500赫茲	**600赫茲**

　　半長弦的頻率都是較長弦的頻率之兩倍：

基音	第一泛音	第二泛音	第三泛音	第四泛音	第五泛音
200赫茲	400赫茲	**600赫茲**	800赫茲	1000赫茲	**1200赫茲**

　　而三分之二長弦的頻率，則都是介於其他兩條弦的頻率之間：

基音	第一泛音	第二泛音	第三泛音	第四泛音	第五泛音
150赫茲	300赫茲	450赫茲	**600赫茲**	750赫茲	900赫茲

　　若同時撥弦，則任何一對音符都有同頻率的泛音，果然，所有三條弦都有600赫茲的泛音。我們的耳朵喜歡一致的頻率，也會覺得這很悅耳，此外，這裡完全沒有彼此接近的頻率，這就表示，這裡並不會出現耳朵不喜歡的刺耳拍音。

這三種弦長比例會發出最為好聽、無出其右的泛音。這就可以解釋，為什麼在古今一切文化的音樂中，幾乎都有 $\frac{3}{2}$ 和 $\frac{2}{1}$ 比例的音符。就連考古學家所發現的古中國笛子，上面也有能夠發出 $\frac{3}{2}$ 音的笛孔，音樂界稱這種比例為「完全五度」（perfect fifth）。

| 知 | 識 | 補 | 給 | 站 |

和諧音的規則是用榔頭敲出來的？

話說有一天，畢達哥拉斯走過一家打鐵鋪，聽到兩把榔頭的撞擊聲響，那兩把榔頭聽起來發出相同的音符，其實卻有差別。

畢達哥拉斯查證發現，榔頭所敲打的鐵片當中，有一片的長度恰好等於另一片的一半，而較短的那片則是產生較高音。當時他所聽到的音，後來便稱為「八度音」（octave），畢達哥拉斯撥動長度不等的弦，也能產生這種效果。他繼續採用其他簡單弦長比例來做實驗，若是音符的弦長呈簡單比例，好比 $\frac{3}{2}$ 或 $\frac{4}{3}$，合起來似乎就會很好聽，或者說很「和諧」。和諧的希臘字寫成「harmonia」，於是英文便拼為「harmony」，也就是和聲的意思。整體而言，這就支持了畢氏觀點，他認為自然界的一切，都是以數字為基礎。

音調的一般原則是：好聽的合奏音都有彼此相符的泛音，同時其中也沒有任何泛音落入對方的「難聽聲音」臨界頻帶之中，其中以小數字頻（the ratios of small numbers）比所產生的泛音更是好聽得多，例如 $\frac{3}{2}$、$\frac{4}{3}$ 和 $\frac{5}{3}$。

十二音是怎麼來的？

音樂不只是有簡單八度和 $\frac{3}{2}$ 音，音符的種類還要多得多。事實上，西方的八度音有十二個音調，多數人也從來不去思索這些音調是怎樣來的，好像音調似乎就這樣出現了，就像是雪花始終有六尖。然而，這套十二音系統，是結合了數學和機運才發展成形，由於我們評價卡拉 OK 歌手時，部分也要談到這種音階，因此值得去了解其起源。

畢達哥拉斯是西方文化中率先創造音階的人，他決定音階應該包含正好七個不同的音調，部分是由於「七」這個數字的神祕重要性，部分也是他認為，所有音符都應該採用比例 $\frac{3}{2}$ 來產生。

結果，畢達哥拉斯所發明的音階，便能產生相當好聽的和聲。不過就悅耳程度而言，畢氏和聲卻不見得會優於其他文化所獨立發展出的和聲。好比有些文化就選定了五音調音階，還有些則製作出多達二十二個音調的音階。

如果你有機會聆聽採用畢氏音階的曲調，那麼其中的音符聽起來和我們熟悉的現代音樂還相當接近。但是，中世紀的音樂家發現其中仍有些缺失。他們希望能自由選定起始音，而且還能唱出熟悉的旋律，但若是採用畢氏音階的七個音調，就不可能辦到這點。

| 知 | 識 | 補 | 給 | 站 |

史上最早的音階系統是什麼？

這是畢氏音階最早的可能形式，各條弦長都乘上 $\frac{2}{3}$ 或 $\frac{3}{2}$ 所構成。為了使所有音都是介於2和1之間，這裡已經將所有弦長加倍或減半（弦長加倍或減半會降、升八度音，不過基本聲音不變。），舉個例子：$\frac{2}{3} \times \frac{2}{3} = \frac{4}{9}$ 或0.444。若是要讓此數值介於2和1之間，便有必要加倍兩次，得數便為 $\frac{16}{9}$ 或為1.778，以下音階的最長弦，會發出最低的音（弦長與音調高低成反比）：

音調	現代最近似 音調的音名	產生此音調的 相對弦長
第一（基音）	D	$\frac{2}{1}$
第二	E	$\frac{16}{9}$
第三	F	$\frac{27}{16}$
第四	G	$\frac{3}{2}$
第五	A	$\frac{4}{3}$
第六	B	$\frac{32}{27}$
第七	C	$\frac{9}{8}$
第八（八度音）	D	$\frac{1}{1}$

換句話說，如果你在鋼琴上按照表列順序奏出白鍵音，所聽到的音階就應該和畢氏音階非常類似。附帶一提，這七個音調一直到中世紀時代才被冠上字母音名。完整彈出音階時，第一個音調會在最後再次出現，於是便構成八度音。

283

試用畢氏音階來彈出〈歡樂頌〉。如果前四個音是用「E, E, F, G」彈出，聽起來就沒錯，不過倘若你想要從「F, F, G, A」開始來彈奏〈歡樂頌〉，那麼聽起來就完全不對。為什麼？因為畢氏音階的各個音，彼此間隔並不均勻。

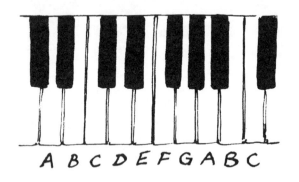

中世紀的音樂家必須另外插入音符，才能讓音階的區間約略均等，這就相當於現代鋼琴鍵盤上的黑鍵。有種做法可以用來填補間隙，只要引申畢氏理念即可，採用 $\frac{3}{2}$ 音程來設計出所有的音符。恰巧，如果你拿一條弦來發出音符，隨後就按照三分之二比例來縮短長度，並連續縮短十二次，最後你所產生的音符，和最初的音符就幾乎完全一致，不過要提高七個八度。這是由於 $(\frac{3}{2})^{12}$ 等於 129.7，約與 2^7 的結果 128 接近，於是現代音階之所以有十二個音，主要就是肇因於此。數字七和十二有沒有讓你產生聯想？我們在第 1 章裡也討論過這兩個數字，兩者都是西方時間測定系統的基礎，不過其根本原因卻相當不同。

由 $\frac{3}{2}$ 音程所產生的十二個音符，可以構成相當好用的音階，不過有些音程卻相當難聽。為了改良不同音符配對的和聲，中世紀人士便開始採用不同弦長比例做實驗。他們不再採信畢氏理念，也拋棄所有音符都必須產生自 $\frac{3}{2}$ 比例的構想，這是明智做法，何不將 $\frac{5}{4}$ 和 $\frac{5}{3}$ 比例也同時納入？

後代的音階發明家，努力要替所有的十二個音符找出特定弦長，好讓這十二條弦合奏時，都能夠產生簡單比例（因此也都能發出悅耳和聲）。不過後來證實，要替所有的配對音找出理想組合，實在很難辦得到！

有種做法可以從音階之中移除這種令人畏縮的偶發和聲，那就是讓十二個音之間的所有音程完全一致。最後終於有人發現，要辦到這點，就要讓弦長採「對數音階」延展。這句話的意思是，實際操

| 知 | 識 | 補 | 給 | 站 |

世上真有魔鬼音？

在文藝復興音階的十二個音中，第七個特別討厭，如今稱之為升Ｆ音（F#）。這個音和其他一切音調結合時，幾乎都很難聽，會產生令人坐立不安的音程，讓聽眾聯想起狼嗥，於是便稱之為「狼嗥音程」（wolf intervals）。由於這類音程，肯定不會是上帝刻意製造的，因此教會便把升Ｆ音稱為魔鬼音，有一陣子還嚴禁任何音樂採用。

285

作時要讓每個音的弦長，分別爲前音之 1.059 倍。
這樣一來，你在現代鍵盤上彈奏蘇格蘭歌曲〈往昔〉
（Auld Lang Syne）或〈生日快樂歌〉之時，不只是
可以從 C, E, F# 開始，也能夠以其他任何音符開始
彈奏，而且聽起來也都與標準音調相同。

286

荒腔走板的歌聲也有可能是天籟美聲？

　　經過這整套說明，讓我們再回到卡拉ＯＫ，並探討歌手荒腔走板的現象。當然，荒腔走板是指：他沒有按照我們已經習慣的西方音階來唱歌。他所產生的聲波，包括了難聽的頻率，有些會令人煩躁，有些則會讓人想要學野狼嗥叫。

　　不過，追根究柢也不見得全都肇因於數學，我們不該忘記文化因素。有些音調與和聲，都是由於多數人喜歡聽，所以才確立其地位，還有些則是由於不同比例的數學運算，被規定這類音調必須出現，才好填入音階。不過我們也可以認為，就後面這類音階而言，有部分之所以好聽，完全是由於我們十分習慣所致。

287

　　所以，儘管有些卡拉ＯＫ歌手唱得很難聽，也不全然是他們的錯。雖然有些音程相當盛行，幾乎是流行於所有的文化，例如第五音程。不過在我們習慣聽到的其他音程之中，還是有些特別侷限於西方文化。其他文化各有他們自己完全不同的音階，並且是從較偏離數學的不同起點所發展成形。或許在南太平洋某處還有一座島嶼，就連最恐怖的卡拉ＯＫ歌聲，在那裡聽起來卻是甜美一如鳥囀，也完美猶如我們耳中的帕華洛帝。

第 15 章

我能百分之百肯定嗎？

．．

　　一八五二年，有一位叫做法蘭西斯・格思里的學生思索一個問題：「在地圖上幫各個國家著色，必須使用幾種不同顏色的蠟筆，才能保證不會有相鄰國家被塗上相同顏色？」這問題看起來很簡單，最後卻發現，要完成數學上的證明卻極為困難，直到一九七六年，這個問題才因電腦而獲得解決。這凸顯出數學證明是採用已確認的事實來建構嚴謹邏輯，並藉此來證明各種抽象的、和不那麼抽象的見解。數學的證明是百分之百肯定、確鑿無疑的⋯⋯

．．

【有趣的謎題】

● 繪製地圖最少需要幾枝色筆？

● 如何分辨數學家和工程師之間的差異？

● 有辦法最快找出成雙的襪子嗎？

● 為什麼頭彩得主很少獨贏？

● 若矛盾則為真？

● 連電腦也算不出的答案，人腦有辦法？

● 數學家至死不改的癖好⋯⋯？

● 永遠蓋不滿的棋盤？

● 哪個定理被證明的最透徹？

繪製地圖最少需要幾枝色筆？

　　孩童們都喜歡在著色本上塗鴉，而且只要有機會，他們大半都想要用最多種顏色的蠟筆來上色。當然，所有小孩們都知道，其中一項著色的規則是：相鄰的區塊最好填入不同的顏色。那麼，如果我們希望儘量用最少根蠟筆來著色時，該如何解決？在任意圖形上著色，必須使用幾種不同顏色的蠟筆，才能保證不會有相鄰區塊被塗上相同顏色？

　　只要做些許實驗，應該會很容易找出答案：至少需要四種不同顏色。以下方的歐洲局部地圖為例，其中還包括一點點海域。

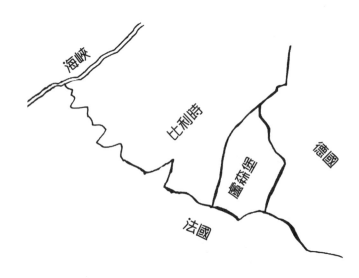

不管我們嘗試哪種組合，比利時、德國、法國和盧森堡都必須使用不同的顏色來著色，因為所有區域都彼此相鄰。就另一方面而言，英吉利海峽可以和盧森堡塗上相同顏色，因為這兩區並不相觸。

遵照四色規則來塗色時，「相鄰」就表示具有共同邊界，只接觸一點的不算。例如，這是美國的部分地區：

假設只有一角接觸也算相鄰，那麼這四州就全部必須塗上不同顏色，而這四州周圍的所有區域，就必須用上第五種顏色。不過，假設只有具共同邊界才算相鄰的話，那麼只要四種顏色就夠用，可以塗滿整個美國。

地圖著色最多只需四色，這似乎已經成為一項通用的規則。不過，是否所有的可能狀況都適用

呢？一八五二年，有一位叫做法蘭西斯・格思里（Francis Guthrie）的學生就如此猜想過。這項問題看起來很簡單，最後卻發現，要完成數學上的證明卻極為困難。法蘭西斯請教他的兄弟腓特烈（Frederick），腓特烈也不知道答案，所以腓特烈便去請教他的講師──當年偉大的數學家奧古斯都・德摩根（Augustus DeMorgan）。德摩根也不知道答案，於是這項看似簡單的疑難，便成為下個世紀流傳最廣的數學挑戰，也就是要證明出：「替任何地圖著色時，最多只需要四色。」

經過幾千次的嘗試，還是沒人找出必須用上五色的實例。所以，這一切便構成相當令人信服的證據；不過從數學角度來看，這還不能算是證明，總是可能有某些例外，藏身某處尚未被人發現。

事實上，儘管這項猜想的證明工作曾有進展，卻要等到電腦問世後，才踏出最後一步。一九七六年，數學家阿佩爾和哈肯（Appel and Haken）藉電腦之力，投入幾百小時處理時間，終於使四色猜想變成四色定理（four-colour theorem）。於是多年以來始終了解這一點的地圖繪製人員便說：「早就跟你講過了！」

這一切都凸顯出數學的一個重要部分（本書其他章節也還沒有揭露這點）：數學證明正是數學的最核心部分。數學採用已確認的事實來建構嚴謹邏輯，並藉此來證明各種抽象的、和不那麼抽象的見解。數學的證明是百分之百肯定、確鑿無疑的。但

就日常生活而言，顯然以數學來證明時就不見得那麼適切。就以四色定理為例，經過幾百次嘗試後，都沒有發現矛盾事例，因此大多數人會認為這項「證明」絕對夠充分了，特別是在我們的日常生活中，大多也只能根據一次觀察結果來做出決策。

其實，數學家的證明通常也不怎麼高明。數學家回答問題時，經常會先提出臆想和猜測，隨後開始證明，以確保推理過程中不致出現怪誕的錯誤。

儘管如此，證明結果和日常生活間確實也有些關連。數學家用來解答抽象問題的思維模式是種優良規範，可以非正式地用來解決通俗的日常課題。那麼，數學家是如何著手應付疑難，並證明他們的答案呢？

293

| 知 | 識 | 補 | 給 | 站 |

如何分辨數學家和工程師之間的差異？

要如何分辨數學家和工程師之間的差異呢？不妨問問他們「什麼是 π？」

數學家：「這是用來描述圓形周長和直徑的比值，而且是個『超越數』（transcendental number），開始的數值為 3.14，後面跟著無窮位數。」

工程師：「π 值約等於 3，不過為保險起見，就把它看成 10 好了。」

有辦法最快找出成雙的襪子嗎？

最吃力的證明方式，或許就是檢視一切可能的結果。例如：你要怎樣證明，本書前面章節，不曾出現「木琴」這個詞？這時就沒有選擇餘地，只好通篇檢視所有國字。若是英文書籍，還可以省點力氣，只檢視各單字的起首字母，只要找不到 x，書中就不會有 xylophone（木琴）。

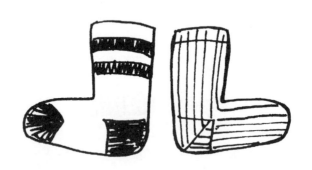

這類證明方式，也可以用來解決襪子落單的問題。某位作家便採用一種簡單的對策來防範這個問題，不讓許多襪子落單──他只買相同的黑襪子和相同的藍襪子。這樣一來，就算他偶爾遺失一隻襪子，也始終會有許多雙襪子可穿。不過，在冬季昏暗的清晨，黑色和藍色襪子看起來實在太像了。如果他有十隻黑襪和十隻藍襪擺在抽屜裡，那麼必須

取出幾隻襪子，他才絕對有把握，手中會有成對的襪子呢？

　　有些人覺得答案很明顯，只需要從抽屜裡取出三隻就夠了！但是，另外有些人便開始爭辯，要肯定最後能得到一雙黑襪子，就必須拿出十一或甚至十九隻襪子才行。

　　有種做法可以證明出，必須取出幾隻襪子才能配成一雙，那就是注意從抽屜取出襪子的順序，並通盤檢視一切可能排法：黑、黑、藍、黑；藍、黑、黑、藍……。但這樣一來就要花很長時間，因爲不同組合形式將近二十萬種。另外，還有種更簡單的證明方法，所需組合形式會少得多，這時所採用的是邏輯捷徑。

　　想像從抽屜中取出任意兩隻襪子，如果能夠配對，那麼只需兩隻就能解決問題。如果兩隻並不配對，那麼表示這兩隻都是落單的襪子，也就是一隻黑和一隻藍的。由於從抽屜中取出的下一隻襪子，肯定是這兩種顏色之一，所以這三隻襪子必然包含一雙襪子，因此，最多需要三隻襪子。

　　奇怪的是，襪子問題和四色定理有許多共通處。徹底檢驗龐大數量的選項後，才能證明後者爲眞，不過，就以落單襪子而言，卻有捷徑來減少需要測試的可能結果範圍。徹底測試是合理做法，可以用來找出明證。不過，如果看起來要花很長時間時，那麼就值得思索該如何簡化搜尋作業。除此之外，抄捷徑還比較好玩。

為什麼頭彩得主很少獨贏？

有種捷徑便叫做「鴿洞證明」（pigeonhole proof）。在英國國家樂透最盛行的時候，一週內就有超過一千五百萬人買彩券，因此有人在媒體上提出質疑，是否所有人都選了不同的數字組合？當然，有幾百萬種不同組合可供選擇，不過，要怎樣確定這一千五百萬人都選定不同組合？

這裡提出一種做法。買樂透彩券可以選擇的不同組合，總共為 13,983,816 種。就讓我們設定極端狀況，假設就前 13,983,816 張賣出的彩券，所有人都選擇了不同組合，每一種可能組合都必須用上，而且也沒有一種重複使用。那麼第 13,983,817 人呢？既然每種組合都已經登錄了，他就沒有選擇餘地，必須挑選別人已經選定的組合。因此，如果有一千五百萬人購買樂透彩券，那麼肯定其中至少有兩人選出同組號碼。當然，我們並不知道是哪個組合重複，不過我們也不是要證明這點。目前已經證明為真，並且適用於一切狀況的是：至少有兩種組合出現至少兩次。

這就是鴿洞證明。你可以想像，就每種可能出現的數字組合，分別安排一個鴿洞，接著你就可以

296

嘗試將個別組合選項，分別納入不同鴿洞，當你用完空的鴿洞，這時你就必須把第二次出現的組合，擺入用過的鴿洞之一。

同樣這項原理可以用來證明，上回曼徹斯特聯隊在主場比賽時，場內肯定至少有兩人是在同年同月同日出生的。我們怎麼會知道？就讓我們保守猜測，現場觀眾只有五萬人（其實還比較可能是七萬人），而且所有觀眾的年齡，都是介於0到100歲之間（這項估計也非常保守，年齡範圍或許遠比這個窄）。全體觀眾都是誕生於一百年之內，他們有沒有可能全都誕生於不同的日子？

297

每年都有365天，再加上少數閏年，因此在一百年之間，最多便只有36,525個出生日期。根據鴿洞原理，如果觀眾總計超過36,525人，那麼就肯定會出現重複現象。我們非常有把握，就算我們完全不知道巧合的日子是一九六一年七月十三日，或是一九七四年九月二十二日，或是其他任何日子，之前的假設都是對的。

或許你還可以自行發明其他的鴿洞證明，來考驗各式各樣的謎題。你需要多少人，才能肯定其中兩人的頭髮數量相等？你需要多少本書，才能保證其中兩本所含的字數完全相等？

若矛盾則為真？

想像力在解決問題和尋找證明過程中都扮演要角。通常會這樣做，例如要證明某個現象，若是能先想像個荒謬的情況，通常會比較有幫助，再利用這個情況「若完全矛盾，則現象為真」。這裡舉個實際的小例子。有許多做法可以使兩正數相乘得72（例如：2×36或5×14.4）。數學家能夠用什麼方法，來證明這種乘法中的兩數，至少有一數必須大於8？一種做法是說明：「假設其中沒有一數大於8。」那麼會得出什麼結果？

我們知道8×8＝64，這就小於我們想要求得的72。如果其中一數是小於8呢？「小於8」×8之乘積小於64。那麼如果兩數都小於8呢？「小於8」×「小於8」之乘積也小於64。因此我們已經證明，兩數不能都等於8，同時兩者也不能同時小於8，因此我們已經找到一種矛盾狀況。所以這兩數中，至少有一數必須大於8。

好吧，那並不是什麼驚天動地的例子，不過這裡所關心的是一項原理，那就是臆想一種答案，接著就看會出現哪種狀況。

採用這種途徑時，首先要提出一項假設，接著就追根究柢，逐步產生已知為非的結論。這種做法有個正式的拉丁名稱，叫做「歸謬法」（reductio ad absurdum），字面意思是「約化出荒謬的結果」。

我們在會談場合時，也不時會非正式地使用這項技術。出庭律師和政客還都特別喜歡這項技術，來彰顯對方論證的弱點。英國國會的議事記錄稱爲「漢薩德」（Hansard），裡面肯定有各種立論充滿以下台詞：「這位議員閣下宣稱，他要提高公用事業開銷。要辦到這點，唯有加稅一途，但是他卻已經排除這項做法。因此，我宣佈他的立論徹底破產。」

這種證明法還有其他日常用途，其中最常見的，或許就是推理謎題。報刊雜誌的經銷商每週都賣出幾千本推理謎題類書籍，這就表示讀者花了成千上萬小時，來解答以下這類問題：

299

> 三位獨居女士分別住在小丘上的三棟孤立
> 房屋。這裡有三種只涉及她們的狀況：
> （1）莫琳不住在中間的房屋。
> （2）黛比和建築師共用她的割草機。
> （3）珍的住宅位於藝術家的上坡，中間並
> 　　　隔著一戶。
> 請問，三棟房屋分別住誰？

解謎的標準做法是先猜測並測試結果。例如：讓我們假設黛比就是藝術家。根據狀況（3），黛比的住宅必然與珍隔著一戶，我們可以採如下圖示：

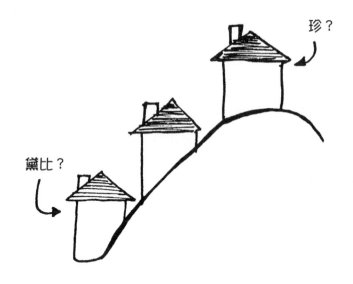

珍？

黛比？

300

　　但是，這表示莫琳住在中間的房屋。但是狀況
（1）說明她並不住在那裡，因此出現矛盾。所以，
我們最初的假設錯了，黛比並不是藝術家。由此便
可迅速推出結論，黛比必然是住在中間的房屋，珍
住在最上面那棟，而莫琳則是住在丘底的房子。
呼，解答完成了！

　　至於較正式的用途，數學界已經運用歸謬法達
幾個世紀。其中一項最有名的例子和歐幾里德
（Euclid）有關，他證明2的平方根值並不是兩個整
數之比。他的做法是根據初始假設發展成形，而且
和有關黛比的假設雷同，也就是「讓我們先假定某
種狀況，接著就看這會出現哪種結果」。就以歐幾
里德的情況而言，他是先假定2的平方根值是兩個
整數之比，接著當然啦，結果非常悲慘。

連電腦也算不出的答案，人腦有辦法？

要解決日常問題還有另一種好用的做法，那就是思考問題時，先從最簡單的形式著眼，接著再擴充發展。畢竟，許多問題解決過程之所以出錯，完全是由於議題太過複雜，無法一次徹底解決所致。

類似由簡單實例入手的原則，通常也可以幫忙解決數學問題，而且這也有助於得出某些證明。以下就是個好例子。大家都知道，$3^2 - 2^2 = 9 - 4 = 5$，但是底下運算的答案又為何呢？

$$222{,}222{,}222{,}222{,}222{,}222{,}222^2$$
$$-222{,}222{,}222{,}222{,}222{,}222{,}221^2 = ?$$

大部分的計算機都沒有用，因為無法處理這麼大的數值，就算是桌上型電腦，也很可能算錯。有部電腦求出的答案為 0，這顯然是無理取鬧，因為這兩個平方值本身，肯定都是龐大的數字。

解決這項問題的一種方法，是從小處著手並尋找各種模式。

$$1^2 - 0^2 = 1$$
$$2^2 - 1^2 = 3$$
$$3^2 - 2^2 = 5$$
$$4^2 - 3^2 = 7$$

301

　　這裡似乎有個模式。看來想要找出相鄰兩數平方值之差，你只需要將兩個尚未求平方值之數字相加即可。例如：2＋1＝3、4＋3＝7⋯⋯等，但是，這種構想也只是種直覺，我們要怎樣肯定，這種模式會永遠延續下去？

　　用圓點繪圖是可行的做法，底下是前四個平方圖示。

　　你有沒有看出，每個平方圖都是由前一個發展成形？若想從2×2產生3×3，你只需要在2的平方圖之一邊加2，接著在另一邊加3。若想從3×3產生4×4，就在一邊加3，並在另一邊加4。這樣一來原因就很明顯，相鄰兩平方值之差，始終都等於「較小數＋較小數加一」，而且這也始終為真，從一個平方值到下一個都能適用。

　　這就是一項證明，不過和正式做法有點不同。事實上，由於這指出在最簡單狀況下該理論為真，接著又顯示，往後的數列也必然會不斷延續，於是這就稱為「歸納證明法」（a proof by induction）。

　　那麼前面那個蠻橫無理，甚至還打敗電腦的運

算的答案為何？簡單！

答案為：222,222,222,222,222,222,221＋222,222,222,222,222,222,222，也就是444,444,444,444,444,444,443。

| 知 | 識 | 補 | 給 | 站 |

數學家至死不改的癖好……？

一位水手和一位數學家受困在一座熱帶荒島，島上長了一顆高大的椰子樹，樹上只有兩顆椰子。兩位男士沒有食物，不過他們並不想爬樹摘椰子，因為兩人都怕高。最後，飢餓把兩人打敗。他們拋擲硬幣，水手輸了，儘管額頭冒汗，他還是繼續往樹上爬，他斜身向外，扯下一顆椰子，並看著它墜落地面。

「好了，我要下來了」，他邊說邊向下爬，於是兩人便分享戰利品。

隔天他們又餓了，水手說：「輪到你了。」接著他就面帶狐疑，看著數學家把吃剩的椰子殼拼攏，還用海草把殼黏回原樣，接著就把椰子塞在腋下並動身爬樹。數學家懸在樹上晃盪，接著就伸手把舊椰子掛回原來那處枝幹，隨後便小心地晃回樹幹並往下爬。

水手尖叫：「你在玩什麼把戲？」

數學家回答：「喔，現在問題已經又還原了。」

303

永遠蓋不滿的棋盤？

我們在前面的例子使用了圖解來證明定則。通常圖像是做證明的好方法，遠勝於看來比較抽象的代數。

「棋盤問題」（chessboard problem）證明就是種很棒的例子。西洋棋盤是8×8的方形柵格，總計有64個方格，假設你把棋盤的對角兩個黑格切除，如本圖所示：

現在你拿到三十一塊骨牌，每塊的大小都等於棋盤中兩格相連的尺寸。把骨牌排在棋盤上，總共可以蓋滿六十二個方格，而且就剛好是上圖棋盤所保留的方格數量。

問題：「你能不能想出辦法，用這三十一塊骨牌把棋盤上的方格全部蓋住？」

或許你會認為很簡單，不過，幾次嘗試後，狀況很明顯，這項挑戰完全不簡單。當你排到最後一塊骨牌時，還沒有蓋滿的棋格似乎始終不相鄰，或許，這道問題完全無解。

有種證明法可以解決這項問題。

檢視兩角殘缺的棋盤，被切除的棋格都是黑的，這就表示你希望覆蓋的圖案，是由三十二塊白格和三十塊黑格所構成。

現在想像你正拿著一塊骨牌，蓋住棋盤上的任意兩個方格。不管怎麼擺，你始終都是蓋住一個黑格和一個白格。因此，當你擺放第三十塊骨牌時，就會把圖案中的所有黑格，以及三十二個白格中的三十格蓋掉，你只剩下一塊骨牌，但是還沒有蓋上的兩個方格都是白的。看看棋盤上的所有白格，沒有兩個彼此相鄰，白格永遠是對角相觸，由於兩個白格永遠不相鄰，所以絕對不可能用手中的骨牌，蓋掉最後那兩個方格。

西洋棋專家威廉・哈茲頓（William Hartston）提出了這道有趣的難題。如果我們並不知道前述證明，那麼還有哪種不同做法，可以證明這道難題？儘管問題很單純，不過其他一切證明，或許都會是極端冗長曲折。事實上，看似簡單的問題，究竟是有單純證明、複雜證明或有時根本提不出證明，這恐怕完全要碰運氣。

假使數學只稍微偏離現況，或許四色定理早在五分鐘之內就能證明妥當，而棋盤問題則可能至今還要讓才智之士百思不得其解。該怎樣才能肯定？看來我們就連這點，也永遠肯定不了。

| 知 | 識 | 補 | 給 | 站 |

哪個定理被證明的最透徹？

畢氏定理是歷來最著名的定理之一，已經有三百多種針對這項定理的證明法出現，但那根本是殺雞用牛刀！提醒一點，那項定理說明，直角三角形的兩短邊平方和，等於長邊（也就是斜邊）平方值。例如：本三角形的兩邊長分別為3和4……

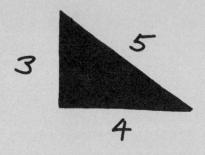

斜邊長之平方值應為$3^2+4^2=25$，這就表示斜邊長必然等於5。順道一提，這種3, 4, 5三角形常見於營建界，他們喜歡藉此產生直角，來檢查角落是否方正。

第 16 章

我能相信報紙嗎？

....

　　十九世紀時，班傑明‧迪斯雷利就宣稱：「世上有三種謊言，那就是謊言、可惡的謊言和統計數字。」而且在比他更早之前，就有做宣傳的人利用數字來扭曲事實。這種古老行業如今稱為「政治化妝師」。他只有一個目的，通常是要讓資訊看來比實情好……你知道政客如何操控這些數字魔術嗎？你知道手上那份銷售圖表其實大有內情嗎？想要抓出政治化妝師的小辮子，快點翻開下一頁吧！

....

【有趣的謎題】

● 銷售數字變漂亮了？

● 政客最愛玩哪些數字花招？

● 百分比是最好用的魔術道具？

● 1% 也能變成 50%？

● 平均數可以玩出哪些花樣？

● 平均數有三種？

● 哪一種平均數才真的平均？

● 圖表有可能完全違背事實？

● 你被公式唬了嗎？

銷售數字變漂亮了？

本書最後一章是在講魔術。在變魔術時，有些東西會無中生有，有時只要一碰，就會突然變大十倍。你會看到東西變小，卻同時又變大，而且完全在眼前發生。這可不是巫醫的作為，而是邪惡遠甚於此的東西，這是「政治化妝師」（spin doctor）[1]所變的魔術，他的道具就是數字。

註[1] spin doctor，亦有人譯為「抬轎人」、「媒體顧問」，尤指擅長公共關係的新聞宣傳或政治顧問。他們深知輿論導向的重要，精通傳媒的運作方式，更了解記者的心態和喜好，周旋其中好確讓他們的老闆——政客或候選人——在任何場合下都能得到最佳宣傳報導。

政治化妝師幫各種人物操弄真相，他們最常和政治扯上關係。這一點都不新鮮，十九世紀之時，班傑明・迪斯雷利（Benjamin Disraeli，英國首相）宣稱：「世上有三種謊言，那就是謊言、可惡的謊言和統計數字」，而且在比他更早之前，肯定已有操作宣傳的人利用數字來扭曲事實。

這種古老行業如今稱為政治化妝師，原文是引自棒球用語，指投手可以讓球旋轉，改變投球軌跡來騙過打擊手。媒體沿用這項隱喻，來描述新聞界和公關人員操弄資訊，設法唬弄民眾的手法。

這種戲法的目的，通常是要讓資訊看來比實情好。數字在這裡扮演關鍵角色，由於民眾碰到數學多會感到不安，進而不願意就數字提出質疑，那些人便可藉此佔佔民眾的便宜。反過來，你也可以依樣畫葫蘆，靈活利用數字來幫你表達意思。

以下就是其中最簡單的把戲，假設我們以「摟抱公司」的兩項單純事實來說明。這家公司生產各種玩具兔子，統稱為「偎依先生系列」：

去年銷售額	今年銷售額
500,000 鎊	515,000 鎊

這對摟抱公司算是好消息嗎？該公司內部的政治化妝師——公關部門表示：「這當然是囉！」大標題宣佈「偎依先生系列創銷售新記錄！」而且這確實是真的，偎依先生系列玩具兔的銷售金額開創新高。那麼把戲在哪裡？公關部門順手隱瞞部分消

息，因為這對他們沒有幫助——那就是今年和以往同樣都有通貨膨脹，而今年通貨膨脹率是百分之三。任何經濟結構都會受到年度通貨膨脹率的影響，其中價格和工資都會提高，如果價格提高百分之三，而工資也提高百分之三，那麼就一切照舊。所有消費者在今年的購買能力，和前一年完全相等，摟抱公司的銷售額增長比率為515,000鎊÷500,000鎊，正好增長百分之三。換句話說，營運狀況保持不變，「沒有新消息」經過神奇魔法，變成了「好消息」。

順手隱瞞通貨膨脹或許是政治化妝師最常用的手法，這樣可以不受質疑，並且藉由媒體傳達給大眾。所有人都希望教師的薪資、編入醫院的預算，還有財產價值能夠逐年提高，也由於通貨膨脹的正常過程，這些通常會提高。聽來似乎都是好消息，但就其本身而言，這種提高毫無意義。「更多」不見得就代表「更好」，當然，也不見得代表更差。根據相同立論，電費帳單、啤酒售價和政府加稅額度，每年都有可能提高（每次都成為「恐怖震撼」的報導情節），然而，由於薪資也會提高，這類漲幅對民眾的生活水準並無影響。

政客最愛玩哪些數字花招？

傳統魔術中也包括無中生有的把戲。勞工黨政府有次就因為空中抓錢（還有詳細文獻記載，這也就是所謂的「重複計算」越軌措施），在一九九八年受到媒體嚴厲批判。當年年初，那時的教育副部長大衛·布萊特（David Blunkett）宣佈，學校系統開銷要增長一百九十億鎊，由於當時的每年開銷總額為三百八十億鎊，表面上看來，這是驚人的大筆投資──成長了百分之五十，而且這對學校系統是大新聞，還能夠贏得大量選票。

就統計來看，一百九十億鎊增長是沒錯，不過，這和多數魔術伎倆沒有兩樣，從外表看不出真相。這裡就先舉另一個例子來探究原因。假設你當地的自來水公司宣佈，由於成本提高，他們不得不提高水費，而且往後的三年間，每年還要再漲價五鎊。

目前水費	第二年	第三年	第四年
60鎊	65鎊	70鎊	75鎊

這顯然不是好消息，不過究竟有多糟糕？如果你想表達十分悲觀的態度，那麼你就會說水費要漲

十五鎊，也就是 15 鎊 ÷ 60 鎊，等於漲了百分之二十五。

但是，這有點嚴苛。漲十五鎊是三年後的事情，我們已經看到，通貨膨脹必須納入考量。從中立角度觀察，比較公平的陳述是：如果年度通貨膨脹約為百分之三，那麼水費並不會增長百分之二十五，只要把通貨膨脹納入考量，那麼中肯的說法便會是：提高約百分之十五。換算成現今的貨幣而言，水費漲價金額就會是約十鎊，而非十五鎊，雖然是個壞消息，不過並不像乍看之下那麼糟糕。

那麼面對以下狀況時，你會做何反應？

如果政治化妝師向你宣佈，將來你並不是要多支付十鎊，甚至還不是十五鎊，事實上，將來你要面對驚人的漲幅——你的水費要提高三十鎊，這就佔了你當前所支付金額的百分之五十！或許你對此會感到有點驚訝，這種鉅額帳單是從哪裡產生的？自來水公司是否有所隱瞞？

絕非如此！這完全看你如何解釋數字。你在第二年要支付的水費，比今年的要多出五鎊，而第三年則多出十鎊，同時到了第四年則多出十五鎊：5鎊＋10鎊＋15鎊＝30鎊！嚴格來講，這並不能算是錯，不過採這種做法來運用數字，肯定不符常規。事實上，或許還會讓你想起，在第2章曾討論過的少一鎊把戲。

不過，前面那筆教育開銷新額度，卻正是以這種方式呈現，教育開銷經設定以如下幅度增長：

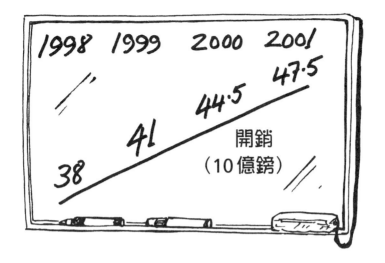

一九九八年之後的開銷會增長多少？預計到二〇〇一年，開銷將達四百七十五億鎊，比一九九八年開銷多了九十五億英鎊。但是，如果你把三年間的「額外開銷」逐筆累加，總額就會達到一百九十億鎊。那麼，對學校的額外投資是多少？應該是一百九十億鎊，還是九十五億鎊？或把通貨膨脹納入考量，低於九十五億鎊？想想「一條線有多長？」

百分比是最好用的魔術道具？

316

表演政治化妝師的魔術時，百分比是特別好用的道具。下面是輸出量憑空消失的奇蹟例子。

「我並不否認，這段日子是公司的艱困歲月……」發言人說道。「去年，由於貨幣強勁，我們的輸出量下降百分之四十。不過我很高興向各位宣佈，由於我們的行銷團隊表現傑出，今年我們恢復元氣，創造出百分之五十的驚人成長。」股東們都深為感佩——下降百分之四十，隨後是上升百分之五十。看來淨值就是提高了百分之十。

這是數字魔術師的另一種傳統誤導手法，這裡就提出實際數字：

兩年前	100,000 輸出單位
去年	60,000 輸出單位

那麼去年的輸出量是從前年的 100,000 單位水準，減少了 40,000 單位。這的確是下降了百分之四十，今年，聽說是比去年表現出百分之五十的成長。去年的輸出量為 60,000 單位，而其百分之五十就是 30,000 單位，因此經過百分之五十的成長，現在我們就有：

| 今年 | 90,000 輸出單位 |

等一下，這和兩年前相比，成長淨值並非百分之十。下降百分之四十之後又提高了百分之五十，結果淨值卻是縮減了百分之十，不可思議！怎麼會這樣？這裡沒有隱情，這正好就是百分比的功能特性——發言人把百分之四十和百分之五十相提並論，就好像兩者是同一回事，不過，由於兩者的起始基數並不相等，結果就像是拿蘋果來和梨子相比一樣。

| 知 | 識 | 補 | 給 | 站 |

1% 也能變成 50% ？

第一位政治化妝師：「去年的咖啡價格只上漲百分之二。今年咖啡漲了百分之三，也就是只提高了百分之一，由於今年的收成不好，因此這還相當合理。」

第二位政治化妝師：「完全錯了！既然去年漲了百分之二，而且今年又漲了百分之三，那就代表上漲率提高了百分之五十！」

1% 或 50% ？你自己決定。

317

平均數可以玩出哪些花樣？

你用平均數可以施展許多花招。通盤檢視這種「平均的」或「一般的」概念，其意義很不容易掌握，因此政客經常濫加使用，卻完全不顧其中的微妙之處。舉例來說，什麼叫做「一般家庭」？

就以合歡大道的九戶家庭爲例。

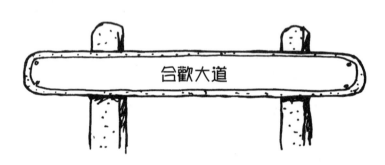

合歡大道

- 四個家庭沒有孩子
- 一個家庭有一個孩子
- 三個家庭有兩個孩子
- 一個家庭有十五個孩子（喔，這並不是典型的家庭）

平均每戶有幾個孩子？或許你還記得，表達平均值有三種常用方式：

- **衆數**（the mode），衆數的平均值定義是找出出現最多次的類別。就以合歡大道為例，各戶中最常出現的孩子人數為零，因此這就是衆數平均值。不過，既然街上分明就有許多孩子四處亂跑，如果還說「一般」家戶並沒有孩子，似乎會顯得很荒謬。

- **中位數**（the median），這是把數值從小到大順序排列，那麼平均值就是名列中央的數值。合歡大道上的九個家庭的孩童人數分別為：0, 0, 0, 0, 1, 2, 2, 2, 15。中間那個（或中位數）之值等於1，這看來似乎也很怪！一戶擁有兩個孩子或完全沒有的機率，遠高於擁有一個者，那麼一般家戶怎麼可能擁有一個孩子？

- **均數**（the mean），於是我們只剩下最常用的平均值形式，這是將所有數值相加，並除以該組之總筆數。合歡大道上有二十二個孩子和九戶家庭，這就表示平均而言，每戶約有2.4個孩子。但我們也可以說，這完全是最胡扯的說法，因為沒有一個家庭的孩子人數，等於這個數值，也只有一個家庭的小孩人數超過此數。

不過，均數還是最常見的平均值形式，其中恰好也包括用來表示總人口平均所得的均數。計算平均所得之時，是將每個人的所得金額相加，並以總額除以總人口數。英國的全人口平均所得約為21,000鎊。當然，很少有人恰好賺到這個金額，事

實上，收入低於這個平均所得值的人數，還正好遠超過其他層級的人數。這是由於所得並不是平均分布的緣故，多數人的年收入低於21,000鎊，卻有相當比例的人數，收入是介於五萬鎊和十萬鎊之間；另外還有成千上萬人的年薪極高，幾乎要達到千萬鎊。這些收入極高的人士，會扭曲平均所得，就好比合歡大道人數眾多的家庭，會扭曲平均每戶小孩人數。

這就表示反對勢力的政治化妝師，很容易就能夠讓選民對政府不滿。「我很想知道，有多少人看到這種平均所得數字時會想：『對另一半人是不錯，那對我呢？』」這位狡滑的發言人完全了解：(a)觀眾中有遠超過半數是落於「窮人那一半」，而且(b)無論如何，不管民眾的收入多少，他們始終會覺得自己應該賺更多……，這種花招很單純，卻非常有效。

不過，接下來要讓你咋舌。魔術師大衛・考伯菲（David Copperfield）向來是以壯觀表演噱頭著稱，不過這和政治化妝師的本領相比卻微不足道。只要搬動區區一個人，就有可能提高兩個區域的整體平均財富。不相信？底下就是做法。

假定蘇格蘭的每人年平均所得（均數）為19,000鎊，而英格蘭的年均所得則為21,000鎊。（這兩個數字和公佈數字相差不遠。）

一位英國人威爾夫的年薪為20,000鎊，公司將他調職，從倫敦辦公室遷往愛丁堡營運處，薪水則

維持不變。由於威爾夫的年薪低於英格蘭的平均值，他不再納入英格蘭的統計數字，會使英格蘭的平均所得微幅提高。同時，由於他的所得高於蘇格蘭的平均值，當他變換工作地點，蘇格蘭的平均所得也會提高些許。因此，威爾夫這次調遷，便提高了兩個區域的平均財富。

這超出了騙術花招的範疇──這似乎是正面的神奇事件。但是，本例所列數字也都完全真實，其中只有結論是錯的。或許平均值成長了，這卻只是揭露了以平均值來計量的功能限制。英格蘭和蘇格蘭的總財富，並沒有因為威爾夫調遷而改變，只是分布有所不同，不過，想想政治化妝師可能用這項強大的工具做出什麼事情！

321

| 知 | 識 | 補 | 給 | 站 |

哪一種平均數才真的平均？

校長說：「我很高興向大家宣佈，今年本校有半數學生，成績優於平均表現。但是，另外那一半的同學，就必須更加努力。」

依常識判斷，校長所用的「平均」一詞當然是完全胡扯。由於平均值就是中間點，不管學生的表現有多好，始終會有半數的成績低於平均值。

不過嚴格來講，只有當他所講的平均值是指中位數，這句話才為真。倘若他所說的平均值是指「均數」，那麼成績優於平均表現的人數，就有可能超過或少於總數之半。

圖表有可能完全違背事實？

優秀魔術師的另一種手段，是讓你專注過程細節，另一方面，卻讓你完全看不到其他情節，只要懂得講漂亮臺詞，通常會有幫助。就以下圖為例，長條圖顯示某地區保健管理局的醫院候診排隊長度：

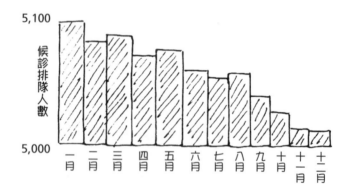

是不是很棒！把這幅圖示擺在決策主管照片旁邊，再打上標題「我們大幅改進！」就會造成強烈印象，認為狀況非常好。不過，變把戲的人卻還是會心懷忌諱，他可不希望你太過仔細檢視曲線圖左側的刻度。事實上，過去六個月間的候診排隊人數，實際上大約只減少了100人，基數則為5,000人，僅微幅下降百分之二。如果左側縱軸完整顯示到0人，這幅圖解看來就會相當不同：

322

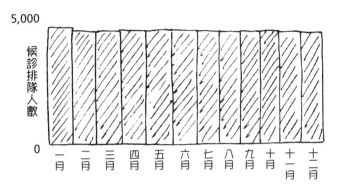

所謂的改進候診排隊狀況，成效幅度十分渺小，渺小到微不足道，這又是個從小事誇大其詞的例子。

再舉另一種伎倆，下圖是引自某公司的行銷文宣，他們販賣投資計畫。這是他們的基金在一九九一年到一九九九年之間的表現，和通貨膨脹的比較結果：

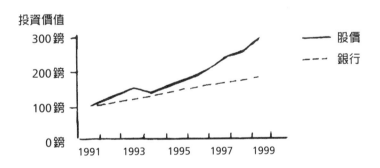

還懷疑為什麼要把辛苦所得投資給這家公司？難道還有比本圖更好的論據嗎？不幸的是，這裡同樣也有深奧內情，以下是他們沒有給你看的圖示：

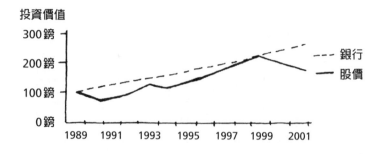

　　圖表若是涵括較長時期，那麼檢視他們在一九
八九年到二○○一年的表現，恐怕你當初會覺得最
好還是選擇放在銀行。這種選擇性數字的呈現手
法，根本已經成爲常態，因此政治化妝師或許認
爲，這就是精確的提報方式。當然，這樣呈現數字
的目的，也不過是爲了傳達完全違背事實的錯誤印
象。

你被公式唬了嗎？

最後還有最精彩的。略施催眠小計的欺瞞詭計，好讓觀眾讚道：「哇，我實在不知道他們是怎樣做的！」

有種做法可以防範他人的窺探，那就是傳達如此的訊息：「我們十分聰明，完全不值得去了解我們在做什麼。」

也有種標準做法可以辦到這點，只要把簡單的事情變複雜，並暗示複雜等於老練即可。當然囉，事實上複雜通常是代表腦筋糊塗。不久前，有則報導說明「科學家」（不管他們是誰）已經想出衡量理想足球評論員的公式。這項公式在一份報紙上公開發表，興高采烈地說明如下：

$$SQ = P - OL/2 + (LV \times 2) + Ra/2 + Rh + (T \times 1.5) - C/2$$

SQ代表播報詞品質，其他變數則包括音高（P）、響度（L）、節奏（Rh）、語調（T）等等。那份報紙刊出這則報導時，通篇都顯得不太認真，因為這項公式顯然完全是在東拉西扯，只有和這項研究有關的人，才能夠評價這公式是否合理，至於對其他所有人，就沒有實際用途。這則報導只是一串文字，卻由於公式是採數學形式表達，根據定義，這就應該是聰明和科學性的標誌——的確，這簡直

就是種魔術，也永遠不能見光。

許多數學都極爲困難，不過，日常生活所需的數學，卻大半並非如此。我們在本書所有篇幅都很努力說明，學懂數學可以帶來各種好處：數學可以激起好奇心，可以解答我們百思不解的問題，還能提高決策品質，而且數學還有助於解決爭端。不過，數學在日常生活中的最重要角色，或許是幫我們避免受騙上當、被人誤導，也讓我們不致受人剝削。政治化妝師都希望社會大眾不懂科學和數學，這會是讓他們更爲高興的狀況，如此一來，只要是他們希望大家接受的數字，我們都會照單全收。

不過，學懂數學就有機會反擊！

How Long Is a Piece of String? By Rob Eastaway and Jeremy Wyndham
Copyright © 2002 by Rob Eastaway and Jeremy Wyndham
First published in Great Britain in 2002 by Robson Books, a member of Chrysalis Books Group PLC.
The Chrysalis Building, Bramley Road, London W10 6SP, UK
Complex Chinese translation copyright © 2022 by Faces Publications, a division of Cite Publishing Ltd.
This edition licensed through the Chinese Connection Agency, a division of The Yao Enterprises, LLC.

科普漫遊 FQ1007Y

一條線有多長？

生活中意想不到的116個數學謎題
How Long Is a Piece of String？

作　　　者　羅勃·伊斯威（Rob Eastaway）& 傑瑞米·溫德漢（Jeremy Wyndham）
譯　　　者　蔡承志
責 任 編 輯　謝至平
行 銷 企 畫　陳彩玉、陳紫晴、林佩瑜、葉晉源
封 面 設 計　蔡榮仁

發 行 人　涂玉雲
編 輯 總 監　劉麗真
出　　版　臉譜出版
　　　　　城邦文化事業股份有限公司
　　　　　台北市中山區民生東路二段141號5樓
　　　　　電話：886-2-25007696 傳真：886-2-25001952
發　　行　英屬蓋曼群島商家庭傳媒股份有限公司城邦分公司
　　　　　台北市中山區民生東路二段141號11樓
　　　　　客服專線：02-25007718；25007719
　　　　　24小時傳真專線：02-25001990；25001991
　　　　　服務時間：週一至週五上午09:30-12:00；下午13:30-17:00
　　　　　劃撥帳號：19863813　戶名：書虫股份有限公司
　　　　　讀者服務信箱：service@readingclub.com.tw
　　　　　城邦網址：http://www.cite.com.tw
香港發行所　城邦（香港）出版集團有限公司
　　　　　香港灣仔駱克道193號東超商業中心1樓
　　　　　電話：852-2508623　傳真：852-25789337
新馬發行所　城邦（馬新）出版集團
　　　　　Cite（M）Sdn. Bhd.（458372U）
　　　　　41, Jalan Radin Anum, Bandar Baru Sri Petaling,
　　　　　57000 Kuala Lumpur, Malaysia.
　　　　　電話：603-90578822　傳真：603-90576622
　　　　　電子信箱：cite@cite.com.my

四版一刷　2022年10月

城邦讀書花園
www.cite.com.tw

ISBN 978-626-315-195-6（紙本書）
ISBN 978-626-315-194-9（EPUB）

版權所有·翻印必究（Printed in Taiwan）

售價　NT$ 350
（本書如有缺頁、破損、倒裝，請寄回更換）

國家圖書館出版品預行編目(CIP)資料

一條線有多長？：生活中意想不到的116個數學謎題
／羅勃·伊斯威（Rob Eastaway），傑瑞米·溫德漢
(Jeremy Wyndham) 著；蔡承志譯. 四版. -- 臺北市：
臉譜出版，城邦文化事業股份有限公司出版：英屬蓋曼群
島商家庭傳媒股份有限公司城邦分公司發行，
2022.10
　面；　公分. --（科普漫遊；FQ1007Y）
譯自：How long is a piece of string?
ISBN 978-626-315-195-6（平裝）

1. CST：數學　2. CST：通俗作品

310　　　　　　　　　　　　　　　　111014210